モーダルシフトと
内航海運

森　隆行 編

松尾　俊彦
田中　康仁
石田　信博
永岩健一郎
石黒　一彦 著

KAIBUNDO

執筆者一覧

はしがき　森　　隆行

序　　章　松尾　俊彦

第 1 章　森　　隆行

第 2 章　田中　康仁

第 3 章　石田　信博

第 4 章　永岩健一郎

第 5 章　松尾　俊彦

第 6 章　石黒　一彦

第 7 章　森　　隆行

はしがき

　近年，社会の電子化とそれに伴うネット通販の急速な拡大を背景に貨物の小口化，輸送の多頻度化が進んでいます。2016（平成28）年の宅配取扱個数は40億個を超えました。一方で，トラックドライバーの労働条件は，労働時間，賃金のいずれにおいても全産業の中で最低の水準にあり，若い労働者からは敬遠され，トラックドライバーの高齢化も進んでいます。宅配便を中心にトラックドライバーの不足が社会問題として取り上げられ，大手宅配事業者を中心に，料金の値上げや取扱貨物の数量規制などの対策を取るところも現れています。

　また，毎年のように発生する自然災害による物流への影響も見逃すことが出来ません。その対策として日ごろから輸送モードの複数化を図る荷主が増えているようです。こうした状況に加えて，2016年改正物流総合効率化法の実施による政府の後押しもあり，輸送手段をトラックから鉄道や船舶に切り替える，いわゆるモーダルシフトの動きが顕著になっています。

　これまで停滞していたモーダルシフトが再び動き出しました。その背景は，ドライバー不足や自然災害対策などです。モーダルシフトは時代によって，環境対策であったり，省エネであったりとその取り組みの理由はさまざまでした。このように時代によって違いはありましたが，再びモーダルシフトに注目が集まっています。荷主の物流に対する考え方にも徐々に変化が表れているように見られます。こうした動きは，もう一度モーダルシフトについての認識を新たにする良い機会であると考えます。本書は，環境との関係，モーダルシフトの受け皿としてのフェリーやRORO船，あるいは他国の事例など，モーダルシフトをそれぞれ違った視点からアプローチした内容となっています。

　本書が，関係する多くの方にとってモーダルシフトを考える契機に，そしてさらに深い理解への一助となれば幸いです。

2020年3月吉日

著者を代表して

森　隆行

目　次

執筆者一覧　ii

はしがき　iii

序　章

1　貨物輸送の現況とモーダルシフト...*1*

2　モーダルシフトが求められる理由...*3*

3　船舶輸送の特徴と課題...*5*

第1章　環境対策としてのモーダルシフト

1.1　はじめに..*9*

1.2　環境問題とは...*10*

1.3　環境問題と物流...*12*

1.4　モーダルシフトの目的とその変遷...*15*

1.5　モーダルシフトの担い手...*18*

1.6　環境対策としてのモーダルシフトの今後.................................*22*

1.7　まとめ..*23*

第2章　荷主と物流事業者の連携による輸送網集約の効果と可能性

2.1　はじめに..*25*

2.2　物流総合効率化法...*26*

2.3　物流総合効率化法による取り組み事例...................................*31*

2.4　京阪神都市圏における物流施設の立地分析による輸送網集約の
　　　可能性..*34*

2.5　まとめ..*38*

第3章　内航海運へのモーダルシフトの課題

3.1　はじめに..41

3.2　モーダルシフト政策の展開...42

3.3　輸送手段分担モデルによる分析.....................................49

3.4　ターミナル改良の事例...55

3.5　総合的ビジョンの必要性...61

3.6　まとめ...63

第4章　内航船とトラックの種別を考慮したモーダルシフト分析

4.1　はじめに...65

4.2　過去の研究事例...66

4.3　物流センサスデータの特徴と輸送距離データ.........................68

4.4　モーダルシフト対象船の特徴.......................................70

4.5　トラックと内航船の輸送機関分担モデル.............................78

4.6　まとめ...85

第5章　RORO船とフェリーの棲み分けおよび競争

5.1　はじめに...87

5.2　過去の研究事例...88

5.3　船舶の特徴から見た市場の棲み分けと競争...........................89

5.4　市場を巡る環境変化と競争関係.....................................98

5.5　まとめ..107

第6章　海外のモーダルシフト政策

6.1　はじめに..109

6.2　EU におけるモーダルシフト......................................111

6.3　中国におけるモーダルシフト......................................118

6.4　まとめ..119

第7章　モーダルシフト事例

7.1　はじめに..*121*

7.2　ワコール流通株式会社...........................*121*

7.3　ニチレイロジグループ...........................*126*

7.4　ライオン株式会社...............................*128*

7.5　シャープジャスダロジスティクス株式会社.........*132*

7.6　味の素株式会社.................................*136*

7.7　その他の企業のモーダルシフトへの取り組み.......*143*

7.8　まとめ...*149*

参考文献　*151*

索　引　*156*

執筆者紹介　*160*

序　章

1　貨物輸送の現況とモーダルシフト

　近年，わが国における物流においては，モーダルシフト（modal shift）が声高に叫ばれている。モーダルシフトとは，ある輸送方式（mode）を他の輸送方式に転換（shift）すること[*1]を表す用語であるが，対象となる輸送方式はその時代の政策的な理由で異なる。たとえば，谷利（1991）によれば，1930年代後半に戦後の船舶不足から船舶輸送を鉄道輸送にシフトするというモーダルシフトが求められたという。また，1940年代半ばには，鉄道の輸送力不足が顕在化し，これを船舶やトラックにシフトすることが求められたが，1970年代には逆に国鉄を支援するということから，鉄道へのモーダルシフトが勧められた。その後も，省エネ対策や環境問題などから船舶や鉄道へのモーダルシフトが叫ばれたが，実際には大きな転換は進まなかった。その大きな要因の一つは，1990年の物流2法[*2]の改正であった。すなわち，トラック運送事業への参入規制が大幅に緩和されたため，事業者が急増したことからトラック輸送が増加するという，いわゆる逆モーダルシフト現象が起こった。また，2010年度に実施された高速道路無料化に関する社会実験も長距離フェリーなどへのモーダルシフト気運を削ぐものとなった。

　それでは現在，何故モーダルシフトが再び大きな声で叫ばれているのであろうか。その前に，日本の貨物輸送の姿を見てみよう。

[*1]　日本経済新聞社『ロジスティクス用語辞典』p.169 を参照。

[*2]　貨物自動車運送事業法と貨物運送取扱事業法を指す。この改正により事業への参加が免許制から許可制へ，運賃は認可制から事前届け出制へと緩和された。

　わが国は戦後2度の石油ショックを経験したが，バブル経済が崩壊するまでは貨物輸送量は増加傾向にあった（図1参照）。しかし，バブル経済崩壊後はリーマンショックの影響や貨物の荷姿が重厚長大から軽薄短小へと変化したこともあり，重量（トン数）で見た貨物輸送量は減少し，ここ数年は横ばいの状態が続いている。2017年度は47.9億トンであったが，これを輸送機関別の分担率で見るとトラックが9割を占めており，大量輸送を得意とする船舶はわずか7%程度，鉄道にいたっては1%程度である。このように，わが国の貨物輸送は機動性の高いトラックに大きく依存したものとなっている。

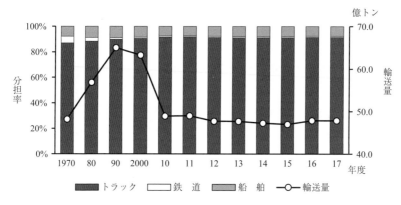

図1　貨物輸送量および輸送機関別分担率の推移

（出所：日本内航海運組合総連合会『内航海運の活動』（平成30年度版, 令和元年度版）をもとに作成）

　一方，貨物の重量に輸送した距離を掛け合わせた数値，すなわち輸送活動量（トンキロ数）[*3] を見ると，全体的には重量ベースと同じ傾向をたどり2017年度には4,145億トンキロであった（図2参照）。これを分担率で見ると，1970年度当時は船舶が49.1%で首位の座にいたが，その後高速道路の整備などもあってトラックの輸送距離も伸びたことから，2017年度ではトラックが50.9%，船舶が43.7%，鉄道が5.2%であった。

[*3]　たとえば5トンの貨物を30km輸送したとすれば，5×30=150トンキロとなる。

　以上のように，日本の貨物輸送においては，トラックがトンベースで9割を占めているものの，輸送距離を加味したトンキロベースで見るとトラックと船舶で二分している状態である。すなわち，トラックは短距離輸送が中心で，船舶が長距離輸送を担っており，2017年度における各輸送機関の平均輸送距離を見ると，トラックが48km，船舶が502km，鉄道が480kmであった。

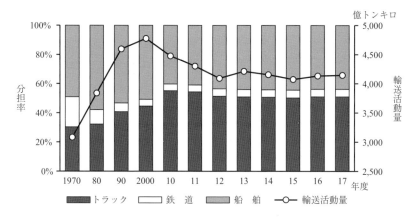

図2　貨物輸送活動量および輸送機関別分担率の推移

（出所：日本内航海運組合総連合会『内航海運の活動』（平成30年度版，令和元年度版）をもとに作成）

2　モーダルシフトが求められる理由

　前述したように，わが国の貨物輸送はトラックに大きく依存したものとなっている。このことから生じる問題がいくつかある。たとえば，交通渋滞や交通事故などが思い浮かぶが，大気汚染や地球温暖化の問題にも関連する。この環境問題の視点については次章で詳しく述べるが，トラックによるCO_2排出量が他の輸送機関に比べて大きいことから，地球温暖化への対応策としてトラックから船舶や鉄道へのモーダルシフトが求められている。

　もう一つの視点は，労働者不足の問題である。トラックドライバーの不足が顕在化したのは，2012年4月に関越自動車道で起こった高速ツアーバスの居

眠り事故がきっかけであった。この事故によりバスやトラックドライバーの労働環境の見直しが行われ、これを規定する「改善基準告示」（自動車運転者の労働時間等の改善のための基準）の監査と処分が厳格に実施されることになった。この「告示」にはドライバーの拘束時間、運転時間、休息期間などが示されている。たとえば、拘束時間は1日13時間、運転時間は2日平均で9時間以内、連続運転の場合は4時間ごとに30分の休憩、そして休息期間は1日に継続して8時間以上といったものである。この内容は1982年に告示され、それ以降数回改正が行われたが基本的には変わっていない。しかし、ツアーバスの居眠り運転による事故から、長距離輸送では2人による運転が厳格に取り締まられることになり、ドライバー不足が顕在化した。また、休息期間が連続して8時間であることとフェリーへの乗船時間が休息期間に含まれることから、その利用が見直されることになった。

　さらには、日本の人口減少も労働者不足に大きな影響を与え始めた。厚生労働省によれば、わが国の人口は2008年の1億2,808万人をピークに減少し始め、生産年齢人口も減少している。この影響により、宅配便を中心としたトラックドライバー不足が顕在化し、社会問題化した。鉄道貨物協会（2014）は、2020年度にトラックドライバーが約10.6万人、2030年度には約8.6万人が不足するとしている。

　このような労働者不足に対して、政府はいくつかの対応策を示したが、一つは労働生産性の向上を目指すというものである。貨物輸送の面から見れば、ドライバーや船員一人当たりの輸送量あるいは輸送活動量を高めることになる。

　さて、先に述べた鉄道貨物協会（2014）によれば、2015年度のトラックドライバーの数は約95万人で、大型トラックのドライバーは約36万人であった[*4]。これに対して、内航海運業はトラックの輸送活動量に近く、船員数は約2万人である[*5]。トラックのドライバー数と船員数を単純に比較すれば、船員一人当

[*4]　鉄道貨物協会（2014）p.56参照。
[*5]　日本内航海運組合総連合会『内航海運の活動』平成29年度版 p.22参照。この数にはフェリーや旅客船の船員は含まれていない。これを含めれば約2.7万人となる。

たりの生産性は，トラックドライバーの18倍程度となる[*6]。当然ながら，輸送時間の違いや輸送される貨物の違いなどがあるが，トラック輸送を船舶輸送にシフトできれば，少なからずトラックドライバーの不足問題に対応できるといえよう。この点について加藤ら（2017）は，輸送時間や労働時間などを考慮した物流労働生産性指標を提案し，北海道～東京間の輸送において海上ルートの生産性は陸上ルートの2.5倍であるとしている。

　なお，全国的な鉄道貨物輸送は，JR貨物（日本貨物鉄道）1社が担っている。このJR貨物は，JR東日本などのJR旅客会社の線路を借りて事業を行っており，現状から大幅に貨物輸送を増やすということは難しい環境にある[*7]。したがって，トラック輸送のモーダルシフト先としては，船舶輸送が中心になるといえよう。

3　船舶輸送の特徴と課題

　船舶輸送をモーダルシフトの受け皿として考える際に，どのような種類の船舶（船種）が適しているかを検討する必要がある。

　国内の船舶輸送を担っている内航海運には，乾貨物（ドライカーゴ）を輸送する一般貨物船と石油などの液体貨物を輸送するタンカー，さらにはセメントを輸送するセメント専用船などがある[*8]。このような船種では，輸送を依頼される貨物のまとまり，すなわち出荷ロット（lot）は船の最大積載量に近いものとなり，数百～数千トンと大きくなる。

　一方，宅配便に代表されるような混載トラックの場合，出荷ロットは小さく，物流センサスによれば平均ロットは0.06トンであった（表1参照）。特定の荷

[*6]　内航海運は長距離輸送が中心であるため，同様に長距離輸送が中心となる大型トラックドライバーと比較した。

[*7]　福田晴仁（2019）『鉄道貨物輸送とモーダルシフト』p.155参照。

[*8]　表1では「その他船舶」としている。内航海運では，鉄鋼，石油製品，セメントの輸送分担率（トンキロベース）が約6～8割を占める。

主による一車貸切の場合でも，ロットは2.18トンであった。したがって，トラックと一般貨物船では貨物のロットに大きな違いがあり，モーダルシフトの受け皿としては一般貨物船やタンカーなどは適さない船種となる。このように貨物のロットという面から見れば，モーダルシフトの受け皿としては，トラックやトレーラーをそのまま載せるフェリーやRORO船[*9]が適している。すなわち，トラックやトレーラーに積載されている貨物を船舶にシフトするのではなく，貨物を積載しているトラックやトレーラーそのものを，陸上から海上（船舶）にシフトするという考え方である。

表1　代表輸送機関別の平均輸送ロット

代表輸送機関		平均ロット（トン/件）
トラック	自家用	0.94
	宅配便等混載	0.06
	一車貸切	2.18
	トレーラー	17.90
鉄　道	コンテナ扱	5.08
	車扱・その他	230.80
船　舶	フェリー	0.70
	RORO船	10.06
	コンテナ船	3.13
	その他船舶	322.97
航　空　機		0.02

（出所：2015年物流センサス3日間調査データをもとに作成）

[*9]　Roll on Roll off 船のことをいう。フェリーと同じように船体に設置されているランプウェイを使って，トラックなどを自走で乗り降りさせる船舶である。フェリーとRORO船の違いなどは第5章で扱う。

　なお，内航のコンテナ船は輸出入コンテナの輸送を担うフィーダー輸送[10]がほとんどであり，純粋な国内輸送のコンテナ輸送は普及していない[11]。しかし，松尾ら（2014）によればフィーダー輸送の9割はトレーラーによる陸上輸送であるという。したがって，これを内航コンテナ船にシフトすることが求められている。

　以上のように，トラック輸送の船舶へのモーダルシフトを検討するには，輸送距離や輸送時間，さらには貨物の種類やロットなどを含めた詳細な分析が必要となる。この点は，第3章と第4章で述べる。また，フェリーとRORO船の比較については第5章で扱う。

---

[10]　日本で輸出入される外貿コンテナは，大型の外貿コンテナ船により日本の主要港で積卸しされるが，主要港と地方港や内陸部を結ぶ二次輸送は小型の内航コンテナ船やトレーラーによる。この二次輸送をフィーダー（feeder）輸送という。

[11]　一部の内航船社が自社のコンテナを使って，フィーダーではなく国内のコンテナ輸送サービスを行っているが，量的にはわずかである。

第1章 環境対策としてのモーダルシフト

1.1 はじめに

「モーダルシフトとは，幹線貨物輸送をトラックから大量輸送機関である鉄道または内航海運へ転換し，トラックと連携して複合一貫輸送を推進していこうという方向性を示す言葉である」（日本ロジスティクスシステム協会監修『基本ロジスティクス用語辞典』白桃書房）。つまり，トラックの持つ戸口から戸口（ドア・ツー・ドア）の輸送機能と鉄道・船舶輸送の持つ大量性，低廉性という特性を組み合わせ，ドア・ツー・ドアの輸送を完結し，環境対策として温室効果ガス（主として二酸化炭素）の削減と同時に輸送の効率化，低廉化を図ろうというものである。

モーダルシフトは，1980年代前半までは主に省エネ対策として，1980年代後半から1990年代初頭までは労働力不足への対応のため，そして1990年代半ば以降は地球環境問題への対応のために，その推進が求められてきた。そして現在は，労働力（トラックドライバー）不足を補う形でモーダルシフトが進展している。このように，モーダルシフトの目的は，時代とともに大きく変化している。

日本ではモーダルシフトへの取り組みやその目的が社会的，経済的背景に左右され時代とともに変わっている。しかし，欧州ではモーダルシフトの意義は，一貫して環境対策であるという考えは変わっていない。日本においても，目先の事象にとらわれずに長期的視点にたち，モーダルシフトの本来の目的を思い起こす必要がある。そこで，本章では，環境問題におけるモーダルシフトの役割を再確認するとともに，環境問題解決の方策としてのモーダルシフトの今後について考察した。

　最初に，環境対策としてのモーダルシフトの役割を明らかにするために，環境問題とは何かについてまとめを試みた。次に，環境問題と物流の関係を明らかにし，さらにモーダルシフトの目的についてまとめた。以下，モーダルシフトの担い手としての鉄道と内航海運，環境対策としてのモーダルシフト，最後に総まとめとした。

1.2　環境問題とは

　環境省は，地球環境問題として9つの現象を取り上げている。(1)オゾン層の破壊，(2)地球の温暖化，(3)酸性雨，(4)熱帯林の減少，(5)砂漠化，(6)開発途上国の公害問題，(7)野生生物種の減少，(8)海洋汚染，および(9)有害廃棄物の越境移動である。

　これらのうち，特に深刻なのが地球温暖化の問題である。世界の平均気温は1880年から2012年までに0.85℃上昇した。地球温暖化により海水温が上昇し氷河や氷床が縮小する現象が起こっている。地球温暖化は，平均的な気温の上昇のみならず，異常高温（熱波）や大雨・干ばつの増加などのさまざまな気候の変化を伴う。その影響は，生物活動の変化や，水資源や農作物への影響など，自然生態系や人間社会にすでに現れている。将来，地球の気温はさらに上昇すると予想され，水，生態系，食糧，沿岸域，健康などでより深刻な影響が生じると考えられており，地球温暖化は人類にとっての最重要課題である。

　地球温暖化の一番大きな原因は，人間活動による温室効果ガスの増加である可能性が極めて高いと考えられている。人間活動によって増加した主な温室効果ガスには，二酸化炭素（CO_2），メタン，一酸化二窒素，フロンガスがある。そのうち二酸化炭素が地球温暖化に及ぼす影響がもっとも大きな温室効果ガスである。人為起源の温室効果ガスの総排出量に占めるガスの種類別の割合は，化石燃料由来の二酸化炭素が65.2%，森林減少や土地利用変化などによる二酸化炭素が10.8%と，二酸化炭素が温室効果ガス排出量の76%を占めている（図1-1）。

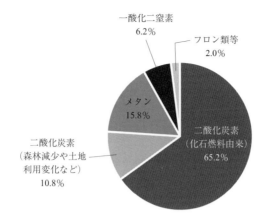

一酸化二窒素
6.2%

フロン類等
2.0%

メタン
15.8%

二酸化炭素
（森林減少や土地
利用変化など）
10.8%

二酸化炭素
（化石燃料由来）
65.2%

図1-1　人為起源の温室効果ガスの総排出量に占めるガスの種類別の割合

（出所：気象庁HP）

注）2010年の二酸化炭素換算量での数値。

　国際社会では，地球温暖化を防ぐため，その最大要因である温室効果ガス抑制に国連気候変動枠組条約締約国会議（COP）[*1] を通じて取り組んでいる。

　1997年のCOP3は京都で行われ，2012年までの各国の具体的な温室効果ガス排出削減目標を課した「京都議定書」（Kyoto protocol）が採択された。京都議定書では先進国のみ排出量削減目標が設定され，新興国の目標は設定されていなかったため，その後新興国での排出量が増加した。また，米国が京都議定書への不参加を決めるなど新たな枠組みが必要となった。

　2015年にパリで開催されたCOP21では新興国を含めたすべての国が排出削減目標を設定することが決められた[*2]。この結果，2020年以降はすべての国が対策を取ることとなっている。

[*1] 1992年の地球サミット（国連環境開発会議）で採択された「気候変動枠組条約」の締約国により，温室効果ガス排出削減策等を協議する会議。条約に関する最高決定機関であり，1995年の第1回会議（COP1，ベルリン）以来，毎年開催されている。

[*2] パリ協定。パリ協定では，200年前の産業革命からの気温上昇幅を2℃あるいは1.5℃以内に抑えることを目標としている。

表 1-1　地球温暖化の影響

海面の上昇	海水の熱膨張や南極やグリーンランドの氷河が溶け，今世紀末には海面が最大 82 cm 上昇予想。
洪水豪雨・高潮	降雨パターンが大きく変わり，内陸部では乾燥化が進み，熱帯地域では台風，ハリケーン，サイクロンといった熱帯性低気圧が猛威を振るい，洪水や高潮などの被害が多くなる。
生態系への影響	現在絶滅の危機にさらされている生物は，ますます追い詰められ，さらに絶滅に近づく。
健康被害	マラリアなど熱帯性の感染症の発生範囲が広がる。
農作物等への影響	気候の変化に加えて，病害虫の増加で穀物生産が大幅に減少し，世界的に深刻な食糧難を招く恐れがある。

（出所：IPCC[*3] 第 5 次評価報告書，全国地球温暖化防止活動推進センター
（JCCCA）HP をもとに作成）

1.3　環境問題と物流

　環境問題における最大の課題は，地球温暖化対策である。温暖化の最大原因は温室効果ガスの排出であり，その温室効果ガスの抑制が喫緊の課題である。人為起源の温室効果ガスの総排出量の中で最も大きな割合を占めるのが二酸化炭素である。

　図 1-2 によると，日本の二酸化炭素排出量は 11 億 4,700 百万トンであり，世界全体の排出量 329 億 1,000 万トンの 3.5% を占めている（2015 年）。これは中国，米国，インド，ロシアに次いで世界第 5 位である。2016 年は，12 億 600 万トンであり，前年比 5.1% 増であった。

　国連気候変動枠組条約に提出された約束草案では，日本は GDP 当たりの二酸化炭素排出量を 2030 年までに 2013 年比で 26% 削減することになっている。

[*3]　IPCC：国連気候変動に関する政府間パネル（Intergovernmental Panel on Climate Change）の略。人為起源による気候変化，影響，適応及び緩和方策に関し，科学的，技術的，社会経済学的な見地から包括的な評価を行うことを目的に，1988 年に国連環境計画（UNEP）と世界気象機関（WMO）により設立された。

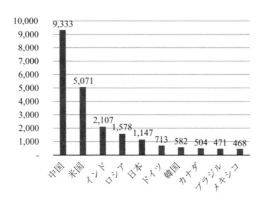

図 1-2　主要国の二酸化炭素排出量（2015 年）

（出所：日本エネルギー経済研究所 計量分析ユニット編
『EDMC ／エネルギー・経済統計要覧 2018 年版』）
注）排出量の単位は「百万トン/エネルギー起源の二酸化炭素」。

　日本における二酸化炭素排出量の部門別割合は，発電所等のエネルギー転換部門（42%）が最大である。次いで工場等の産業部門（25%），第 3 位が運輸部門で全体の 17% を占める（図 1-3）。発電所等のエネルギー転換部門については，そこで生産されたエネルギーが他の部門で使用されていることを考えれば他の部門と同等に扱うことはできない。このことから，産業部門と運輸部門における二酸化炭素排出量の抑制が重要であるといえる。運輸部門の旅客輸送と貨物輸送の比率はおよそ 6：4 であることから，全体の約 7% が貨物輸送部門ということになる。また，そのうちの約 90% が自動車（トラック）である。

　貨物輸送量当たりの二酸化炭素排出量は，自家用貨物車 1,159，営業用貨物車 240，船舶 39，鉄道 21（単位：g-CO_2／トンキロ）である（図 1-4）。自家用自動車は営業用自動車の 4.8 倍，船舶の 29.7 倍，鉄道の 55.2 倍の排出量である。

　このことから，二酸化炭素排出量抑制において，産業部門と並んで運輸部門の取り組みが重要であることが明らかである。さらに運輸部門において，貨物輸送の分野ではトラックが 91.5%（トンベース），50.9%（トンキロベース）を占めており（図 1-5，図 1-6），貨物輸送当たりの二酸化炭素排出量を考えれ

14

ば，自家用貨物車から営業用貨物車への切り替え，輸送機関の船舶および鉄道への転換が重要である。つまり，環境問題，地球温暖化対策としてモーダルシフトの推進が必須であることが明らかである。

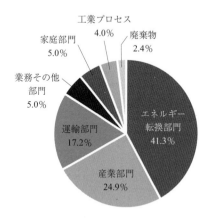

図1-3　日本の部門別二酸化炭素排出量割合（直接排出量）

（出所：温室効果ガスインベントリオフィス，
全国地球温暖化防止活動推進センター（JCCCA）HP）

注）エネルギー転換部門は発電所等，産業部門は工場等，運輸部門は自動車等である。

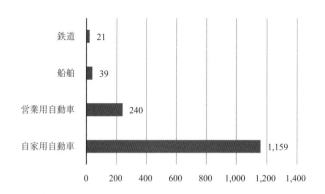

図1-4　貨物輸送量当たりの二酸化炭素排出量（2016年度，単位：g-CO$_2$／トンキロ）

（出所：日本内航海運組合総連合会『内航海運の活動 平成30年度版』）

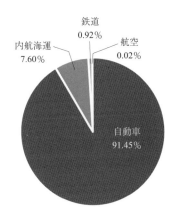

図 1-5　輸送モード別輸送量割合（トンベース）

（出所：日本内航海運組合総連合会『内航海運の活動 平成 30 年度版』）

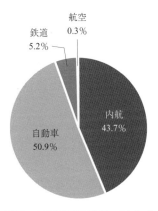

図 1-6　輸送モード別輸送量割合（トンキロベース）

（出所：日本内航海運組合総連合会『内航海運の活動 平成 30 年度版』）

1.4　モーダルシフトの目的とその変遷

　先述のように，日本におけるモーダルシフトの目的は，省エネ対策から始まり，労働力不足対策として，次いで環境対策として，そして再び労働力不足対

策としての側面が強くなるなど，その目的も大きく変化している。

　モーダルシフトという言葉は，1981 年の運輸政策審議会の答申において，省エネルギー対策として初めて登場した。その後，1990 年 12 月の運輸政策審議会物流部会による物流業の労働力不足問題に対する答申の中で，労働力不足対策としてモーダルシフトの推進が提言されている。翌 1991 年 4 月に，運輸省（現国土交通省）はモーダルシフトの推進を表明した。また，1997 年 9 月に，政府は「地球温暖化問題への国内対策に関する関係審議会合同会議」において，2010 年までにモーダルシフト化率（500km 以上の鉄道・船舶による雑貨輸送の比率）を 40%[*4] から 50% に引き上げる方針を決定した。同様に，「新総合物流施策大綱」（2001 年 7 月閣議決定）においても，2010 年までにモーダルシフト化率を，50% を超える水準とすることが目標とされた。2005 年に「省エネ法」を改正し，すべての荷主に対して省エネへの取り組みを義務付けた。同年，「モーダルシフト等推進官民協議会」を設置するなどモーダルシフト推進に努めてきた。2016 年施行の「改正物流総合効率化法」は，モーダルシフト支援法と呼ばれるようにモーダルシフト推進を織り込んだものである。

　1981 年に省エネ対策として誕生したモーダルシフトは，1980 年代から 1990 年初頭のバブル経済による労働力不足対策として，1990 年代には地球環境対策として，さらに 2010 年頃からは EC 市場の拡大による宅配貨物の増大を背景にトラックドライバーの不足が顕在化し，労働力不足，主としてトラックドライバー不足対策としてモーダルシフトが見直されている。このように，モーダルシフトの目的・意義は時代により変化してきた。

　一方，欧州では，あらゆる面で環境対策が最重要課題として捉えられており，特に，交通・物流分野においてその色彩が強い。イギリスやフランスでは近い将来すべての車を電気自動車にすることを宣言した。新たな IT 技術の導入もすべては環境対策に向いているように見える。日本においても，モーダルシフトを考えるときに，目先の労働問題だけに目を奪われることなく，もう一度環

[*4]　1997 年時点のモーダルシフト化率。

表1-2 日本におけるモーダルシフトへの取り組み

年	取り組み	備考
1981 年	「モーダルシフト」登場	運輸政策審議会答申
1990 年	労働力不足問題に対する答申として モーダルシフト推進提言	運輸政策審議会物流部会答申
1991 年	運輸省（現国土交通省）がモーダルシフト推進を表明	
1996 年	モーダルシフト化率43.4%（過去最大）	
1997 年	京都議定書採択[*5]	第3回気候変動枠組条約締約国会議（地球温暖化防止京都会議，COP3）
1997 年	2010 年までにモーダルシフト化率[*6]を40%[*7]から50%に引き上げることを決定	地球温暖化問題への国内対策に関する関係審議会合同会議
2000 年	「循環型社会形成推進基本法」[*8]成立	環境省
2001 年	2010 年までにモーダルシフト化率を50%に引き上げる目標を閣議決定	「新総合物流施策大綱」（2001 年7月閣議決定）
2005 年	「省エネ法」が改正され「改正省エネ法」施行[*9]	省エネ法の正式名：「エネルギーの使用の合理化に関する法律」（1979 年制定）
2010 年	モーダルシフト等推進官民協議会 実施	官民の意見交換の場
2016 年	「改正物流総合効率化法案（流通業務の総合化及び効率化の促進に関する法律の一部を改正する法律案）」が閣議決定[*10]	同年10月1日より施行。国土交通省は，2020 年度までに34 億キロトン分の貨物を自動車から鉄道・船舶輸送へ転換することを目指している

[*5] 気候変動枠組条約に関する議定書。

[*6] 500km 以上の鉄道・船舶による雑貨輸送の比率。

[*7] 1990 年代のモーダルシフト化率は，概ね40% 台で推移。1996 年度は43.4%。2006 年以降モーダルシフト化率は公表されていない。

[*8] 環境省により，形成すべき「循環型社会」の姿を明確にし，提示した。

[*9] 「エネルギーの使用の合理化に関する法律」（省エネ法）は，石油危機に対応したエネルギー需給対策として1979 年に制定された法律。2005 年に省エネ法が改正され，新たに運輸分野（荷主及び輸送事業者）に係わる措置が創設され，改正省エネ法では，すべての荷主に対し省エネ取組が義務付けられた。

[*10] この法改正の目的は「二以上の者が連携して，流通業務の総合化（輸送，保管，荷さばき，および流通加工を一体的に行うこと。），効率化（輸送の合理化）を図る事業であって，環境負荷の低減および省力化に資するもの（流通業務総合効率化事業）を認定し，認定された事業に対して支援を行う」。このためモーダルシフト支援法と呼ばれている。

境の視点からモーダルシフトの目的と意義を見直すべき時期を迎えている。

1.5 モーダルシフトの担い手

　輸送機関の転換によって二酸化炭素排出量を減少させるには，より効率のよい輸送手段に転換すること，つまりモーダルシフトを推進することである。しかし，1980年代初頭から始まったモーダルシフト推進は，1996年をピークに進展していない。ただし，最近は，トラックドライバー不足によりトラックから鉄道や船舶に輸送手段を換える動き[11]も見られるが，この現象が長期的なものか一時的なものか，また量的にどの程度なのか見極めるにはまだ早いようだ。

　これまで政府による後押しがあったにもかかわらず，なぜモーダルシフトが期待通りに進展しなかったのか。その理由の一つに，既にモーダルシフトできるものはシフトしてしまっている，つまり，現状がマックス，飽和状態だという考え方がある。しかし，トラックドライバー不足を背景にモーダルシフトが再び進んでいることを考えれば，モーダルシフト飽和説は成り立たないのではないだろうか。

　その他，モーダルシフトが進まない理由について考えられることを挙げる。

① 相対的に付加価値が低く，納品時間などの制約が比較的緩い原材料・燃料などの拠点間輸送においては，既に大量輸送機関である船舶や鉄道（車扱い）が大きな割合を担っている。一方，相対的に付加価値が高く，かつ一定水準以上の輸送サービスを求められる工業製品などの輸送，中でも特に短・中距離輸送においては，トラック輸送が選択されるのが合理的である。

② トラック運送業界内における競争激化などによるトラック運賃の大幅な下落に伴い，鉄道・船舶輸送のコスト面における優位性が相対的に低下した。

---

[11]　鉄道貨物輸送を担う日本貨物輸送（JR貨物）は，トラックドライバー不足を背景に鉄道貨物が順調に伸びており，2017年3月期の連結決算で鉄道ロジスティクス事業が15億円の黒字と，24年ぶりに黒字転換した。

③　輸送需要の変化（多頻度小口化・ジャストインタイム等）への対応・利便性でトラックが優れている。

④　鉄道や船舶の輸送においては必ずトラックによる端末輸送が必要であり，そのため端末輸送のコストがかかるほか，積替えのための設備やインフラの整備が不可欠である。

⑤　輸送ロットが小さいと，鉄道や船舶に適さない。

⑥　鉄道や船舶は，トラックに比べリードタイム[*12] が長くなる。

499 総トンの内航一般貨物船 1 隻の輸送量は 10 トントラック 160 台分に相当する。労働力にすれば内航船員 5 人に対してトラックドライバー 160 人が必要である。また，499 総トンの内航タンカーと 16 キロリットル型タンクローリーを比較すると，内航タンカー 1 隻に対してタンクローリー 60 台分であり，労働力は内航タンカーの船員 5 人に対してタンクローリーのドライバー 60 人である。内航船舶の場合，交通渋滞に巻き込まれることもない。

モーダルシフトによる効果（メリット）として，二酸化炭素の削減，労働力の効率化が挙げられる一方，リードタイムが長くなることや輸送需要の変化に迅速に対応できないなどのデメリットがある。労働生産性の観点からは，トラックより船舶による輸送が優れていることは明らかである。

現在はトラックドライバー不足という要因からモーダルシフトが進展しているが，トラックドライバー不足が解消した場合，効率化や合理性の観点からは，小口化，多頻度化，ジャストインタイム等輸送需要の変化を考えればトラックの対応力が優れていることは明らかであり，これまでのようにモーダルシフトが進展するかどうかは疑問である。特に鉄道の場合，運行頻度やスケジュール，トンネルの高さ制限などその機動性や利便性に欠けると指摘する荷主もいる。

利便性，機動性から考えるとトラックが一番便利な輸送手段であるが，環境面から見ると，運輸部門における温室効果ガス排出量の 90% をトラックが占めている。この点から，自家用トラックから営業用トラックへの変更，電気自

[*12]　発注から納品までに必要な時間。

表 1-3　モーダルシフトのメリット・デメリット

メリット	デメリット
・CO$_2$ 排出量が削減できる。	・コンテナサイズに合わせた荷づくりが必要になり，コンテナサイズを超えるものは対応が難しい。
・遠方地域発送の場合，コストが低減される可能性が高い[13]。	・トラック輸送よりリードタイムが長くなるケースが多い。
・一度に大量輸送が可能になる。	・駅・港などの発着拠点での積替えが発生する分，品質的なリスクがある。
・輸送量に対して最小限の人員で輸送が可能になる。トラックドライバー不足対策。	・鉄道，船舶のダイヤや天候に左右されるため，ジャストインタイムに対応できないケースがトラック輸送より多い。
・交通渋滞の緩和。	・コンテナへの積み付けは荷主が対応するケースが多い。
・交通事故防止。	・鉄道や船舶の輸送においては必ずトラックによる端末輸送が必要であり，そのため端末輸送のコストがかかる。

表 1-4　輸送機関別環境特性

輸送機関	環境特性
貨物自動車	騒音，振動，大気汚染，温室効果ガス排出
鉄　道	動力は電気・軽油であるが，鉄道が環境問題の原因として取り上げられることは少ない
船　舶	大気汚染，温室効果ガス排出，事故時の重油流出
航　空	騒音，振動，大気汚染，温室効果ガス排出

---

[13]　一般的にモーダルシフト効果を出すには納品先までの距離が 500km 〜 600km 以上必要といわれている。

動車などの低公害車の導入や共同物流などさまざまな取り組みが行われているが，さらなる温室効果ガス削減のためには，モーダルシフトの推進が必要である。船舶は，重油燃焼時に発生する硫黄酸化物 (SOx) による大気汚染の問題や事故時の重油流出など[*14]が挙げられる。一方，鉄道は，動力には電気や軽油を使っており温室効果ガスの排出がゼロではないが，地球環境問題の議論において鉄道を原因とする議論は見られない。しかしながら，鉄道におけるさまざまな制約要件（スケジュール，頻度，トンネル等）を考えれば，モーダルシフトの主役は，二酸化炭素削減効果の大きい船舶といえるだろう。

　鉄道，内航海運業界も貨物の取り込みに向けて積極的に動いている。鉄道業界においては，2005 年に「エコレールマーク」が創設された。これは一定条件での鉄道利用の商品や企業を認定する制度である。2015 年 9 月現在で認定商品は 206 品目 181 件。また，認定企業は 87 社である。

　同様に内航海運業界は 2008 年に「エコシップマーク」を制定，270 社が認定されている。

図 1-7　エコレールマークとエコシップマーク
（出所：JR 貨物 HP，日本内航海運組合総連合会 HP）

[*14]　「船舶による汚染防止のための国際条約」等，汚染防止のために国際的にさまざまな取り組みがなされている。

1.6　環境対策としてのモーダルシフトの今後

　地球温暖化防止に向けた改正省エネ法の施行をはじめとする各種規制の強化，燃料価格の高騰，トラックドライバーの確保の困難性などを背景に，モーダルシフト推進の必要性は，当面は一層高まっていくと見込まれる。モーダルシフト推進のためには，鉄道輸送や船舶輸送におけるサービス水準の向上と同時に，行政におけるインフラ整備などの支援も必要不可欠である。その一方で，わが国特有の「行き過ぎた物流」などの商慣習の見直しも，環境負荷低減に向けて解決すべき重要な課題といえる。阪神・淡路大震災や東日本大震災の発生後，一時的に船舶輸送へのモーダルシフトの機運が高まったものの，いずれの場合においても，道路の復旧が進むにつれて後退していった。

　2018年7月の西日本豪雨では山陽本線が不通になり復旧に長期間を要するなど，鉄道の脆弱性が表面化した。こうしたことを受け，災害の発生のたびに一時的にモーダルシフトが進み，道路の復旧とともに元に戻るということを繰り返すのではなく，平時から輸送手段の確保という視点でフェリーやRORO船を組み入れておくべきである。そして，こうした取り組みを民間任せにするのではなく，政府も後押しすることが必要である。

　今後，モーダルシフトは，徐々に進展することが見込まれる。そうした中で，

表 1-5　輸送機関による LOT，リードタイムの比較

輸送機関	LOT	リードタイム	特　徴
トラック	3 〜 10T（小中規模）	最も短い	最も身近でサービスが豊富
鉄道（JR 貨物）	5 〜 15T（小中規模）	大都市間は短い	工場まで引き込み線も
内航一般貨物船	1,000 〜 5,000T（大規模）	最も長い	港で積替え，一時保管
RORO船	5 〜 20T（小中規模）	短い	トラック，建機，乗用車も積載可能

（出所：川崎近海汽船作成の内航海運研究会資料）

その受け皿はフェリーと RORO船を中心とした内航船舶である。内航一般貨物船の場合は貨物のロットが課題となる。その点，RORO船は小口貨物にも対応することが可能である。現在は，貨物の多くはシャーシ単位であるなど大口ロットが多いようだが，今後は小口混載貨物の引き受けを増やすなどの工夫により，顧客が利用しやすいサービスに努めることが必要である。

　オペレーションレベルにおいて，荷主企業と物流事業者に行政を加えて官民一体となってマーケットニーズと運輸業界への影響を考慮し，環境ニーズへの対応策と環境に合った輸送システムを構築することが必要である。

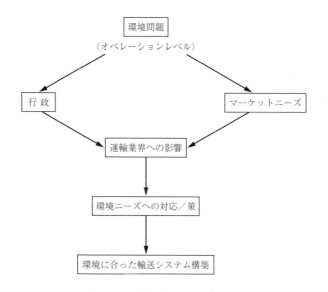

図1-8　環境問題へのアプローチ

（出所：Leif Enarsson（2006）"Future Logistics Challenges"）

1.7　まとめ

　アパレル・ファッション業界では，製品のバックグラウンドにある「生産環

24

境の健全性」や「地球環境への負荷」などを重要視する「エコファッション^{*15}」「エシカルファッション^{*16}」,「フェアトレード^{*17}」や「ロハス^{*18}」が注目を集めている。このようにあらゆる分野で持続可能な社会の構築に向けた取り組みが始まっている。多くの人の意識が効率や利益ではなく，地球環境の負荷低減へと変わっている。こうした変化の中で，モーダルシフトは，運輸部門における地球環境への負荷低減に貢献するための方策であり，さらなる進展が望まれる。

　モーダルシフト推進は，地球環境への負荷低減だけでなく，労働者不足への対応など，現代の社会課題に適応した選択肢である。トラックドライバー不足^{*19}という目先の対応だけに捉われずに，モーダルシフトの本来の目的である地球環境問題への対応策の視点から長期的視野に立って取り組むことが必要である。持続可能な事業・サービスの一環として，荷主企業は物流会社とのパートナーシップによって，率先してモーダルシフトに取り組むべきであり，政府はインセンティブや規制緩和によって積極的に後押しすることで，循環型ロジスティクスを基盤に持続可能な社会を構築し，日本が世界の手本となることが望まれる。

[*15] 地球環境に配慮した装いやアイテム。

[*16] 「エシカル（ethical）」は「道徳，倫理上の」という意味。その言葉の通り，良識にかなって生産，流通されているファッションを指す。環境だけにとどまらず，望ましい労働環境や貧困地域支援，産業振興なども視野に入れる。広く社会規範に配慮した生産・流通を重んじる取り組み。

[*17] 「フェアトレード（Fair Trade）」はエシカルな貿易。発展途上国の生産者が経済的に自立できるよう，貿易を通して支援する。公正な価格での取引を目指す。

[*18] 「ロハス（LOHAS）」は「Lifestyles Of Health And Sustainability」の略で，健康や環境問題に高い意識を持つ人たちのライフスタイルを指す。

[*19] 当面トラックドライバー不足は続くと考えられるが，中長期的に見れば自動運転車や宅配ロボットの登場によってトラックドライバー不足は解消されると推測される。

第2章 荷主と物流事業者の連携による
輸送網集約の効果と可能性
~物流総合効率化法における取り組み事例から~

2.1 はじめに

　2005年，国土交通省は流通業務の総合化及び効率化の促進に関する法律（いわゆる物流総合効率化法）を策定した。これは，流通業務（輸送，保管，荷さばき及び流通加工）を一体的に実施するとともに，「輸送網の集約」，「輸配送の共同化」，「モーダルシフト」などの輸送の合理化により，流通業務の効率化を図る事業に対する計画の認定や支援措置等を定めた法律である。計画認定された事業者は，事業許可の一括取得や営業倉庫などの設備に対する税制の特例といった優遇を受けられる。

　最初の法律策定から十数年余りが経ち，物流を取り巻く環境も大きく変わってきた。宅配便に代表されるような消費者の需要の高度化・多様化に伴う貨物の小口化・多頻度化等への対応，ドライバー不足などの流通業務に必要な労働力の確保が最たるものではなかろうか。こうした状況に対して，「人手不足にも負けない便利で効率的な物流を実現する」との方針のもと，2016年2月，物流総合効率化法の改正案が閣議決定され，同年10月より施行された。主たる改正内容は，①法目的の追加，②一括手続きの拡充，③支援対象の拡大の3つである。そのなかでも，効率化事業の支援対象を「一定の規模と機能を有する物流施設を中核とすること」から「二以上の者が連携して行うこと」とし，従来の物流拠点の整備から事業者間の連携に重点を変えたことが大きな変更点といえよう。これにより，物流事業者が輸送網を集約したり，共同配送やモー

ダルシフトに転換するなどの効率化事業が展開しやすくなった。

そこで，本章では，まず①国土交通省の資料をもとに，物流総合効率化法の取り組み（輸送網の集約，輸配送の共同化，モーダルシフト）の効果について検証する。次いで，モーダルシフトについては他の章でも詳しく触れていることから，②輸送網の集約*¹に焦点を当てて，実際の取り組み事例の経緯とその成果を紹介する。最後に，③京阪神都市圏における物流施設の立地分析から得られた成果をもとに，輸送網の集約の可能性を探る。

2.2　物流総合効率化法

2.2.1　物流総合効率化法の改正

2005年と2016年の物流総合効率化法の主たる改正内容は，以下の3点である。

(1) 法目的の追加：「流通業務に必要な労働力の確保に支障が生じつつあることへの対応」を図るものである旨を法律の目的に追加。

(2) 支援対象の拡大等：支援の対象となる流通業務総合効率化事業について，一定の規模及び機能を有する流通業務施設を中核とすることを求めないこととし，二以上の者が連携して行うことを前提に多様な取り組みへと対象を拡大。これにより，施設整備を伴わない，モーダルシフトや地域内での共同配送等の多様な取り組みが支援の対象となる。

(3) ワンストップ手続きの拡充：主務大臣の認定を受けた事業のうち，海上運送法，鉄道事業法等の許可等を受けなければならないものについては，これらの関係法律の許可等を受けたものとみなす等の特例を追加。これにより，

---

*¹ 輸送網の集約とは，一般的には複数の小規模な倉庫などを大規模な物流センターに集約することにより，輸送網の効率化を図ることであるが，改正された物流総合効率化法の認定対象には，たとえば1カ所の物流センターであっても，再配置（たとえば，荷主への近接性を高める）することにより，トータルの輸送距離が削減されれば，これも輸送網の集約に含めている。

事業開始時等の手続きを簡素化し，関連する予算措置・税制措置等の支援策と相まって流通業務総合効率化事業の促進を図る。

2.2.2　物流総合効率化法の概要

物流総合効率化法は，貨物の小口化・多頻度化等への対応，流通業務に必要な労働力の確保を目的として，荷主や物流事業者といった多様な主体が連携する物流効率化事業に対して，支援を行う制度である。図2-1は支援対象となる物流総合効率化事業の例であり，「輸送網の集約」，「輸配送の共同化」，「モーダルシフト」などが対象となる。

物流総合効率化法の認定を受けることにより，営業倉庫に対する法人税や固定資産税・都市計画税の減免制度，市街化調整区域に物流施設を建設する場合の開発許可に関する配慮，モーダルシフト等の取り組みに対する計画策定経費や運行経費等の補助などの支援制度（メリット）を利用することができる。具

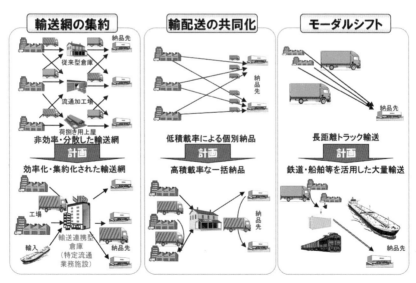

図2-1　支援対象となる物流総合効率化事業の例
（出所：国土交通省「物流総合効率化法の概要」）

体的な支援制度は以下の通りである。

(1) 予算措置

　初年度（2016年度）の予算では，一般会計（3,800万円）が計上されており，モーダルシフト等推進事業として「計画策定経費補助」，「モーダルシフト等運行経費補助」などが対象である。また，エネルギー対策特別会計（37億円）では，物流分野における CO_2 削減対策促進事業として，「シャーシ・コンテナ」，「共同輸配送用車両等の購入補助」が対象とされている。

(2) 税制上の特例

・輸送連携型倉庫の建物整備：所得・法人税の割増償却10%（5年間），固定資産・都市計画税　倉庫1/2　付属設備3/4（5年間）
・旅客鉄道による貨物輸送（貨物用車両，貨物搬送装置）：固定資産税2/3（5年間）等

(3) 立地規制に関する配慮

・市街化調整区域の開発許可の配慮等

(4) 事業開始における手続簡素化

・新規路線での貨物鉄道の運行，カーフェリーの航路新設の許可みなし
・自社貨物に加えて，他社の貨物の輸送も請け負う場合のトラック事業の許可みなし
・過疎地等の地域内配送の共同化のための軽トラック事業の届出みなし
・自家用倉庫を輸送連携型倉庫に改修して他業者に供用する際の倉庫業の登録みなし等

(5) 中小企業者等に対する支援

・中小企業者に対する支援：中小企業信用保証協会による債務保証の上限の引き上げ等
・食品生産業者等に対する支援：食品流通構造改善促進機構による債務保証等

2.2.3　物流総合効率化法の認定状況

　図2-2は，物流総合効率化法の認定状況を示したものである。改正法が施行

された 2016 年 10 月から 2019 年 1 月までの間に認定された事業は，124 件で
ある。1 期（2016 年 10 月から 2017 年 3 月）の半年間は 19 件，2 期（2017 年
4 月から 2018 年 3 月）は 62 件，3 期（2018 年 4 月から 2019 年 1 月）は 43 件
となっている。1 期の内訳は，モーダルシフトが 9 件（鉄道：7 件，船舶：2
件）と最も多く，次いで輸送網集約事業の 8 件，共同輸配送の 2 件となってい
る。2 期の内訳は，輸送網集約事業が 35 件と半数以上を占め，モーダルシフ
ト 25 件（鉄道：14 件，船舶：11 件），共同輸配送 2 件となっている。3 期の
内訳は，モーダルシフトが 21 件（鉄道：7 件，船舶：14 件）と最も多く，次
いで輸送網集約事業の 19 件，共同輸配送の 2 件となっている。トータルで見
ると，輸送網集約事業が全体の 50.4％（62 件）を占めており，次いで鉄道モー
ダルシフトが 22.8％（28 件），船舶モーダルシフト 22.0％（27 件）の順となっ
ており，鉄道と船舶のモーダルシフトを合わせると 44.8％であり，共同輸配
送はわずか 4.8％（6 件）である（図 2-3）。

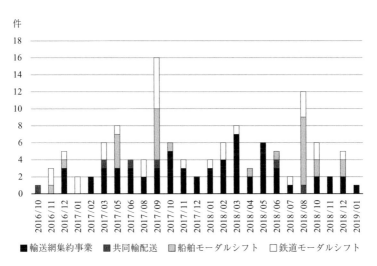

図 2-2　時系列で見た物流総合効率化法の認定状況

（出所：国土交通省「物流総合効率化法の認定状況」（平成 31 年 1 月 25 日）をもとに作成）

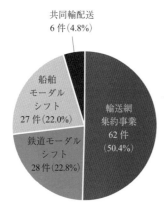

共同輸配送
6 件 (4.8%)

船舶
モーダル
シフト
27 件 (22.0%)

鉄道モーダル
シフト
28 件 (22.8%)

輸送網
集約事業
62 件
(50.4%)

図 2-3　物流総合効率化法の認定状況

（出所：国土交通省「物流総合効率化法の認定状況」
（平成 31 年 1 月 25 日）をもとに作成）

　表 2-1 は，事業形態別の効果を比較した結果である。なお，輸送網集約事業
は「CO_2 排出削減（%）」と「手待ち時間削減（%）」を尋ねており，モーダル
シフト（鉄道と船舶）と輸配送の共同化は「CO_2 排出削減（%）」と「ドライ
バー運転時間省力化（%）」を尋ねている。この表によると，全体で見た場合，
CO_2 排出削減効果は 41.4%，ドライバー運転時間省力化は 67.4%，手待ち時間
削減効果は 69.4% と，いずれの指標についても効果が確認できる。CO_2 排出
削減効果は，鉄道モーダルシフトが最も高く，ドライバー運転時間省力化では，
船舶モーダルシフトが最も効果的であった。また，手待ち時間削減効果は輸送

表 2-1　事業形態別の効果

事業形態	CO_2 排出削減 (%)	ドライバー運転時間省力化 (%)	手待ち時間削減 (%)（待機時間）
輸送網集約事業	26.9	－	69.4
鉄道モーダルシフト	63.4	69.4	－
船舶モーダルシフト	50.6	70.4	－
共同輸配送	47.7	39.9	－
全　体	41.4	67.4	69.4

（出所：国土交通省 物流総合効率化法の認定状況
（平成 31 年 1 月 25 日）をもとに作成）

網集約事業のみの評価指標であるが，約 7 割の削減効果が確認できる。

2.3　物流総合効率化法による取り組み事例
〜輸送網集約事業のケース〜

2.3.1　連携事業の内容

　輸送網の集約事業の実例として，荷主の東洋ナッツ食品株式会社，物流事業者の川西倉庫株式会社のケースを取り上げる。両者の概要は表 2-2 の通りである。ともに，神戸創業の企業であり，2019 年 1 月の視察結果より，荷主の倉庫事業者に対するビジネス上の信頼感とその期待に応えようとする倉庫事業者の取り組みが実感でき，両者の関係は良好であった。

表 2-2　連携事業者の概要

東洋ナッツ食品株式会社	川西倉庫株式会社
設　　立：1959 年 12 月 本　　社：神戸市東灘区深江浜町 30 番地 資本金：9,060 万円 従業員：約 230 名 売上高：約 86 億円（2018 年 9 月期）	設　　立：1918 年 7 月 本　　社：神戸市兵庫区七宮町 1 丁目 4-16 資本金：21 億 800 万円 従業員：406 名（2018 年 4 月 1 日現在） 営業収益：223 億円（2018 年 3 月期）
【事業内容】 世界の木の実の製造販売／ナッツ，ドライド・フルーツ，雑穀類の原料売買／上記に関連する輸出入業務	【事業内容】 普通倉庫業／冷蔵倉庫業／港湾運送業／貨物運送取扱業／国際運送取扱業／通関業
【事業所】 深江物流センター，東京支店，関西支店，福岡営業所	【事業所】 東京，横浜，埼玉，山形，名古屋，大阪，神戸，福岡

（出所：各社の HP をもとに作成）

　神戸経済ニュースによると，国土交通省の神戸運輸管理部は2016年12月16日，川西倉庫が物流センターを新設して自動車による陸上輸送距離を減らす計画を「総合効率化計画」に認定したと発表した。

　図2-4に示すように，川西倉庫は六甲アイランド（神戸市東灘区）に「六甲物流センター」を新設し，東洋ナッツ食品（同）向けの輸入貨物であるナッツ製品原料の輸送網を集約する。

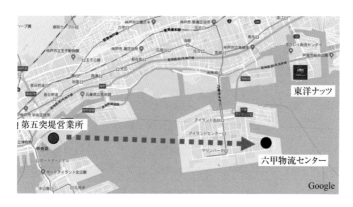

図2-4　新設された六甲物流センターの配置
（出所：川西倉庫株式会社担当者からのヒアリングをもとに作成）

　現在は，ポートアイランドと六甲アイランドにある4カ所のコンテナターミナルから，輸入した貨物を兵庫高速運輸（神戸市西区）がコンテナをけん引し，新港第五突堤（同中央区）にある川西倉庫の営業所まで運んでいる。いったん倉庫に格納した貨物は，東灘区深江にある東洋ナッツの本社工場まで山口運送（同中央区）がトラックで運ぶ。

　東洋ナッツの本社工場に近い場所に川西倉庫が六甲物流センターをつくることで，コンテナをけん引する距離やトラック輸送の距離を短縮する。さらに関係各社がトラック予約受付システムを導入すれば効率的な荷受け作業ができるようになり，トラックが待機する時間を約7割減らせる公算という。移動距離が短くなれば当然，CO_2排出量の削減効果も期待できる。

　総合効率化計画の認定を受けると，事業許可が一括で取得しやすくなるほか，一定の条件を満たせば法人税や固定資産税の特例措置といった支援を受けられるようになる。神戸運輸管理部の管内では初の認定という。

2.3.2　連携事業による効果

　図 2-5 は，六甲物流センターの設置の効果を示したものである。荷主の原料であるナッツ類は，海外からポートアイランドおよび六甲アイランドの 4 カ所のコンテナヤードへ輸入される。以前は，第五突堤にある旧倉庫へコンテナヤードから運び込まれ，そこから荷主の工場へ納品されていた。その際，コンテナヤードから旧倉庫への平均輸送距離は 19.0km，旧倉庫から荷主工場までの輸送距離は 11.6km であった。これに対して，新しく新設された六甲アイランドの倉庫を経由する流通経路では，コンテナヤードから新倉庫への平均輸送距離は 13.3km，新倉庫から荷主工場までの輸送距離は 7.9km と，両経路ともに従来の輸送距離に比べて短縮されている。このように，物流拠点を荷主工場至近に整備し，コンテナドレージ及びトラックの配送距離を短縮することに

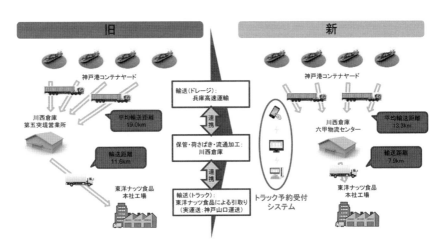

図 2-5　六甲物流センターの設置の効果

（出所：国土交通省「物流総合効率化法の認定状況」（平成 29 年 3 月 31 日））

34

より，CO$_2$排出量を24%削減している。また，トラック予約受付システムを導入し，効率的な荷受け作業を実施することにより，ドライバーの待機時間を70%削減することにも成功している。

2.4 京阪神都市圏における物流施設の立地分析による輸送網集約の可能性

2.4.1 分析対象地域と使用データ

分析対象とした地域は，図2-6に示す京阪神都市圏であり，大阪市，京都市，神戸市，堺市など159市町村（2005年12月時点）により構成されている。対象地域の夜間人口は1,932万人，面積は1万2,000km^{2}であり，近畿2府4県の人口の90%，面積の44%を占めている。

使用したデータは，京阪神都市圏の物流の実態を把握するため，京阪神都市

京阪神都市圏
・ 物流施設

図2-6　京阪神都市圏における物流施設の立地状況

圏交通計画協議会が 2005 年に実施した「物流基礎調査」の結果を用いた。なお，本調査では，物流の量的側面を把握する「実態アンケート」と質的側面を把握する「意向アンケート」の 2 つの調査が実施されている。11,227 事業所より調査票を回収しているが，分析では，このうち運輸業（951 事業所）かつ，「保管機能」「積み替え機能」「荷さばき機能」「流通加工機能」のうち，いずれかの物流機能を有し，貨物の搬出入実態のある事業所（以下，「物流施設」とする），計 668 事業所を対象とした。

　図 2-6 は，668 の物流施設の立地状況を示したものである。これによると，物流施設は大阪湾の沿岸部および高速道路ネットワークに沿った地域で多く立地している様子がわかる。

2.4.2　物流施設の立地選択に対する事業所意識

　図 2-7 は，現在の事業所の立地場所に対する満足度を示したものである。これによると，「非常に満足している」，「やや満足している」の回答をあわせると 60% を占めているのに対して，「非常に不満である」「やや不満である」の合計は 16% であり，大半の事業者が現在の立地場所に満足していることがわかる。

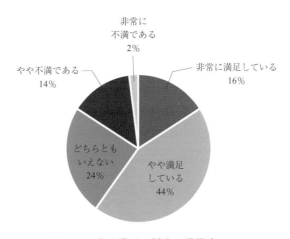

図 2-7　立地場所に対する満足度

　図 2-8 は，現在の場所に立地した理由を尋ねた結果である。なお，立地理由は複数回答可能である。この結果，「必要・十分な広さだったから」という回答が最も多く，次いで，「顧客や得意先の事業所に近い」，「高速道路，幹線道路へのアクセス性」，「地代・賃料が妥当だから」といった項目の比率が高くなっている。これに対して，「下請けや仕入先の近く」，「従業員の確保」といった項目は，立地選択の基準として必ずしも重要視されていないことがわかる。

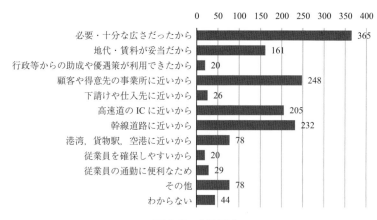

図 2-8　立地理由

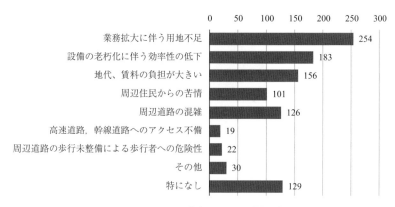

図 2-9　現在抱えている問題点

　図 2-9 は，立地後に生じた問題点を示したものである。これによると，「用地・施設が手狭」という回答が最も多いほか，「施設の老朽化」，「地代・賃料の負担」といった用地・施設に関する問題点が多い。次に，「貨物車の発着に関する住民の苦情」，「周辺道路の混雑」といった周辺環境に関する問題点を指摘する割合が高くなっている。

2.4.3　立地年数から見た潜在的な輸送網集約の可能性

　2.3 節の輸送網集約事業のケースで見たように，物流拠点を荷主工場至近に整備し，コンテナドレージ及びトラックの配送距離を削減することにより，CO_2 の排出量を削減することが可能なことがわかった。また，前述の物流施設の立地分析から，立地理由は「十分な広さ」に次いで「顧客や得意先の事業所に近い」といった荷主への近接性を重視していた。一方，現在抱えている問題点では，「用地不足」に次いで「施設の老朽化」が問題視されていた。

　図 2-10 は，物流施設の設置年と老朽化問題有無の関係性を示したものである。これによると，1980 年代までは 4 割弱の物流施設が老朽化を問題視していることがわかる。実際，国税庁による建物・建物附属設備に見た主な減価償却資産の耐用年数によると，鉄骨鉄筋コンクリート造・鉄筋コンクリート造に

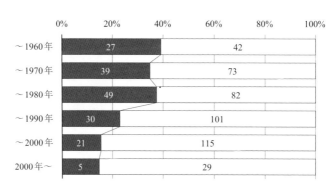

図 2-10　設置年と老朽化問題の関係性

よる倉庫の耐用年数は 38 年である。また，川西倉庫のヒアリング結果からも倉庫の減価償却は 30 年程度を見込んでいるとのことであった。

以上を踏まえ，多少強引ではあるが，設置年が 1980 年以前と古く，かつ老朽化の問題を抱えている物流施設を "潜在的な輸送網集約の可能性のある物流施設" と定義すると，表 2-3 に示すように，① 1980 年以前に立地し老朽化問題ありとの回答サンプルは 115 であり全体の 17.2％ を占めている。また，①の条件に加え荷主との近接性を重視している物流施設は 33 であり，全体の4.9％ を占めている。

表 2-3　潜在的な輸送網集約の可能性のある物流施設数

	割合（データ数÷N，N=668）
① 1980 年以前に立地　and　老朽化問題あり	17.2％（115／668）
② 1980 年以前に立地　and　老朽化問題あり 　　and　荷主との近接性を重視	4.9％　（33／668）

2.5　まとめ

2005 年の物流総合効率化法の策定から，十数年余りが経ち，物流を取り巻く環境も大きく変わってきた。従来の安全対策，渋滞対策および環境問題への対応から，物流ニーズの高度化・多様化等への対応，さらには昨今のドライバー不足への対応になった。こうした状況を受けて，2016 年 10 月，物流総合効率化法の改正が行われた。この中で，特に重点が置かれていたのが「多様な関係者の連携」を進めることにより，生産性を向上し，物流ネットワーク全体の省力化・効率化をさらに進めていく枠組みの必要性である。そこで，本章では，物流総合効率化法の具体的な取り組み事例である「輸送網の集約」，「輸配送の共同化」，「モーダルシフト」の効果について検証し，次いで「輸送網の集約」に焦点を当てて，実際の取り組み事例の経緯とその成果を紹介した上で，今後の輸送網集約の可能性について検討した。

以下，成果の要約である。

(1) 改正法が施行された 2016 年 10 月から 2019 年 1 月までの間に認定された取り組み事例は，124 件であった。このうち，輸送網の集約が全体の 50.4% と最も多く，次いで鉄道モーダルシフトが 22.8%，船舶モーダルシフト 22.0% の順となっており，鉄道と船舶のモーダルシフトを合わせると 44.8% であり，共同輸配送はわずかに 4.8% であった。効果については，CO_2 排出量削減効果は，鉄道モーダルシフトが最も高く，ドライバー運転時間省力化では，船舶モーダルシフトが最も効果的であった。また，手待ち時間削減効果は輸送網の集約のみの評価指標であるが，約 7 割の削減効果が確認できた。

(2) 輸送網の集約の事例として取り上げたケースでは，物流事業者が新しく物流センターを設置する際，荷主工場至近に整備し，コンテナドレージ及びトラックの配送距離を削減することにより，CO_2 排出量を 24% 削減していた。また，トラック予約受付システムを導入し，効率的な荷受け作業を実施することにより，ドライバーの待機時間を 70% 削減することにも成功していた。

(3) 京阪神都市圏を対象として潜在的な輸送網集約の可能性を検証した結果，設置年が 1980 年以前と古く，かつ老朽化の問題を抱えている物流施設は全体の 17.2% を占めており，これに加えて，荷主との近接性を重視していると回答した物流施設は全体の 4.9% を占めていた。このことから，数は多くはないものの潜在的に輸送網の集約対象となりえる物流施設は一定数存在すると考えられる。

　以上の結果より，船舶によるモーダルシフトは，ドライバーの運転時間省力化に大きな効果を発揮する一方，物流総合効率化法による事業の事例数で見ると，輸送網の集約が半数を占めており，船舶によるモーダルシフトはその半分以下である。加えて，潜在的な輸送網の集約は少ないながらも一定数見られることから，今後も荷主と倉庫業や陸運事業者などの物流事業者との連携による物流効率化が進められていく可能性も十分に考えられる。こうした状況に対して，内航海運を中心とした船舶によるモーダルシフトのプレゼンスを高めるためには，既存荷主との連携の強化および荷主の新規開拓のためのアプローチが

重要であろう。

謝辞
　輸送網の集約事業の具体的な事例に関しては，国土交通省神戸運輸監理部，神戸大学大学院海事科学研究科が主催する「交通環境教育プログラム」内において川西倉庫株式会社担当者からお話を伺った。交通環境教育プログラムを主催頂いた国土交通省神戸運輸監理部，神戸大学大学院海事科学研究科にお礼申し上げるとともに，ご説明頂いた川西倉庫株式会社にも感謝申し上げる次第である。

第3章　内航海運へのモーダルシフトの課題

3.1　はじめに

モーダルシフトが叫ばれて久しい。日本においては，貨物の圧倒的大部分が自動車によって輸送されているが，そのうちの幹線部分の輸送を，内航海運または鉄道に切り替えようとする物流政策である。

モーダルシフトという用語は 1981 年の運輸政策審議会答申に初めて使用された。モーダルシフトの当時の目標は省エネルギーのためであった。1990 年頃には，トラックドライバー不足に対応するための施策としてモーダルシフトの推進が提唱されている。また近年は，地球環境問題への交通・物流部門の対策の一つとしてモーダルシフトが推奨されており，トラックにくらべて単位輸送量当たりの窒素酸化物（NOx）や二酸化炭素（CO_2）などの排出量が大幅に少ない内航海運や鉄道への転換を図ろうとしている。そして，昨今では再びトラックドライバー不足への対応策としてモーダルシフトの推進が求められている。さらに，現行の第 6 次総合物流施策大綱においては，モーダルシフトに関連する施策として，輸送モード間の連携を意味するモーダルコネクトも推奨されている。

しかしながら，モーダルシフトの必要性が叫ばれ，推進のための施策も検討されているにもかかわらず，期待通りにはモーダルシフトは進展していないのが現状である。その主な理由として挙げられるのは，①トラック運送業における競争が激しくなり，トラック運賃が低下したために，内航海運や鉄道の費用面での優位性が低下したこと，さらに，②海運や鉄道の輸送では，トラックによる端末輸送が必要であり，連結点での費用がかかるうえに，積替え施設の整備が求められることである。

42

本章では，モーダルシフトに関する施策を概観したうえで，モーダルシフトが期待通りには進展していない理由について実証的，理論的に分析する。分析にもとづいて，ターミナル改良の必要性について説明し，さらに，モーダルシフトを推進する際に必要と考えられる総合的ビジョンについても言及する[*1]。

3.2 モーダルシフト政策の展開

3.2.1 モーダルシフトの背景

1980 年代の日本では国内貨物輸送が急増したが，そこで中心的な役割を果たすようになったのは自動車であった。その結果，輸送力不足が生じ，トラックのドライバー不足と環境への負荷も社会問題化した。当時の運輸省は，モーダルシフトの促進を唱え，貨物の幹線輸送を自動車から内航海運や鉄道へと切り替えることを要請した。

一方，近年では，環境保護の観点からもモーダルシフトが推奨されている。地球温暖化や酸性雨をはじめとする，環境負荷問題に対する取り組みが世界的規模で行われている。1997 年に京都で開催された地球温暖化防止会議において，京都議定書が採択された。そこでは，2000 年以降の CO_2 の削減目標が定められ，日本は 1990 年から 2020 年までに 6% 削減することが求められた。

日本において，運輸部門の CO_2 排出量は日本全体の約 20% を占める。運輸部門の CO_2 排出量の中でトラック輸送の占める割合は約 30% である。同様に，乗用車が占める割合は約 50% となっている。

エネルギーの最終需要についても，日本全体の約 25% を運輸部門が占めている。運輸部門のエネルギー需要の中でトラックが占める割合は約 40% である。貨物部門だけについて見ると，トラック輸送は全体の約 90% を占めている。

これらの環境問題をはじめ，トラック輸送による交通渋滞，トラックドライ

[*1] モーダルシフトの分析に関しては，石田（2013），大阪港振興協会・大阪港埠頭株式会社（2018），森ら（2014）第 3 章を参照。

バー不足などの対策として，内航海運や鉄道へのモーダルシフトが叫ばれるようになった。2002 年に策定された「地球温暖化対策推進大綱」では，トラックから内航海運へのモーダルシフトによって，2010 年までに，CO_2 を 370 万トン削減する目標を掲げていた。

3.2.2　総合物流施策大綱とモーダルシフト

モーダルシフトは物流政策の重要課題として，物流政策の基本的方向を示す総合物流施策大綱においても取り上げられている。内航海運との関連で見てみよう。

（1）1997 年 総合物流施策大綱

第 1 次総合物流施策大綱においては，輸送モードがそれぞれの特性を活かしながら相互に連携した交通体系を確立するというマルチモーダル施策の推進が強調されていた。そのために，内航海運に関しては，船舶の大型化・近代化，荷役機器の近代化，全天候バースの整備，情報化，配船の共同化を進めることによって効率化を図るとしていた。また，地域間の幹線輸送を行うための基盤として，複合一貫輸送に対応した内貿ターミナルの拠点的整備を進めるとしている。ここでは，モーダルシフトという用語は使用されていない。

（2）2001 年 新総合物流施策大綱

第 2 次新総合物流施策大綱では，利便性及び効率性の向上だけでなく，環境負荷を低減させる物流体系の構築と循環型社会への貢献を目指すことが強調されている。そのために，マルチモーダル施策に加えて，モーダルシフトが推進されるように，内航海運については共有建造制度の活用によるモーダルシフト船の建造，複合一貫輸送に対応した内貿ターミナルの拠点的整備，港湾荷役の効率化・サービスの向上，港湾へのアクセス道路の改善の検討を進めるとしていた。

（3）2005 年 総合物流施策大綱

第 3 次総合物流施策大綱においても，環境にやさしい物流を実現するという目標に向けて，モーダルシフトを促進するために内航海運の機能を向上す

ることの必要性が強調されている。

(4) 2009 年 総合物流施策大綱

　第 4 次総合物流施策大綱では，効率的でシームレスな物流網構築と物流の
環境負荷低減に向けて，モーダルシフトを含めた輸送の効率化，低環境負荷
の港湾・物流システムの構築，輸送機器の低炭素化の推進を図るために，内
航海運・フェリーの競争力強化について具体的な取り組みを進めることが必
要だとしている。

(5) 2013 年 総合物流施策大綱

　第 5 次総合物流施策大綱においては，環境問題への対応のために，内航海
運や鉄道といった大量輸送モードへの転換を図るモーダルシフトの促進を含
め，荷主・物流事業者の連携により物流の低炭素化に向けた取り組みを一層
進めていく必要があることが強調されている。そのために，モーダルシフト
等推進官民協議会が示す対応策を着実に実施すること，内航海運等の大量輸
送モードの輸送力を強化し，輸送事業者自身による幅広い荷主獲得のための
取り組みを促進するとしていた。

(6) 2017 年 総合物流施策大綱

　現行の第 6 次総合物流施策大綱は，物流のさらなる生産性向上を実現する
ために，道路，港湾等のハードインフラの機能強化はもとより，輸送モード
間の連携である「モーダルコネクト」の強化を促進することが重要であると
強調している。

　環境負荷低減やトラックドライバー不足への対応としてのモーダルシフト
を推進するために，また，災害時や輸送障害時の代替性を確保するためにも，
複数の輸送手段を確保しておくことの重要性が高まっている。このために，
内航海運に関しては，港湾におけるトラック輸送や鉄道輸送との円滑な連携
のためのインフラ整備を進め，輸送モード間の連携「モーダルコネクト」を
強化することが求められる。さらに，港湾施設の整備については，モーダル
シフト需要を取り込むための内航船の大型化やフェリー・RORO 船の航路網
の充実へ対応するために，高規格のユニットロードターミナルの形成を推進

しなければならないとしている。

3.2.3　内航海運のモーダルシフト対策

　内航海運においても，モーダルシフトを推進するための対応策が検討されている。

　船腹調整事業の廃止後に新しく導入された内航海運暫定措置事業においては，500 kmを超える航路に就航する予定の 1 万総トン以上の RORO 船や，6,000 総トン以上のコンテナ船については，建造納付金を大幅に引き下げ，新たな造船をしやすくしている。その目的の一つは，モーダルシフトの推進にある。

　また，モーダルシフトを進めるためには，幹線輸送手段とローカル輸送手段の結節点において貨物を積替えるターミナルの整備が重要となる。このために，港湾，特に地方港のコンテナ化を進め，内航海運のコンテナ船や RORO 船の航路を充実させることも検討されている。

　さらに，船舶の高速化も検討された。航海速力 50 ノット，積載貨物量 1,000 トンという超高速船，テクノ・スーパー・ライナーが計画されていたが，こちらはコスト高が原因で頓挫したままになっている。

3.2.4　モーダルシフトはなぜ進展しないのか

　モーダルシフトの必要性が叫ばれ，推進のための施策も検討されているにもかかわらず，期待通りにはモーダルシフトは進展していない。表 3-1 を見ると，2007 年度から 2015 年度にかけて，100 km 未満の短距離を除くすべての距離帯において，内航海運の輸送分担率は上昇している。内航海運へのモーダルシフトは進んでいる。

　一方，表 3-2 と表 3-3 が示すように，マクロ的に見ると，トン数ベースであっても，トンキロベースでも，増大傾向にあった内航海運の輸送分担率は近年低下している。

　その理由には一般的に次のものが挙げられる[2]。

---

[2]　大阪港振興協会・大阪港埠頭株式会社（2018）第 4 章を参照。

- 付加価値が低く，輸送時間の制約が小さい原材料などの長距離輸送については，すでに海運や鉄道が大部分を輸送している。
- 付加価値が高く，高水準の輸送サービスが要求される工業製品は，トラック輸送が選ばれることが一般的である。
- トラック運送業における競争激化がトラック運賃を引き下げて，内航海運や鉄道の費用面での優位性が低下した。
- ジャストインタイム輸送などの輸送需要変化への対応はトラック輸送が優れている。
- 海運や鉄道の輸送では，トラックによる端末輸送が必要である。端末輸送の費用がかかるうえに，積替え施設の整備が求められる。
- 輸送ロットが小さい貨物は，海運や鉄道には向いていない。

　これらのうち，トラック運賃の低下，ならびに積替え施設で発生する費用（連結費用）がモーダルシフトに及ぼす影響について，内航海運の視点から考察しよう。

表 3-1　距離帯別輸送分担率（%）

年　度	距離帯	内航海運	自動車	鉄　道
2007	100km 未満	2.8	97.1	0.1
	100-300km	17.6	81.1	1.2
	300-500km	38.5	59.7	1.7
	500-750km	47.3	49.9	2.9
	750-1000km	66.3	29.0	4.7
	1000km 以上	75.8	18.1	6.1
2015	100km 未満	2.6	97.3	0.1
	100-300km	17.6	81.2	1.2
	300-500km	45.0	53.2	1.8
	500-750km	55.7	40.5	3.8
	750-1000km	71.1	23.8	5.1
	1000km 以上	79.4	13.6	7.0

（出所：日本物流団体連合会『数字で見る物流 2017 年度版』）

表 3-2　貨物輸送量の推移（輸送トン数）

輸送トン数（万トン）				
年　度	内航海運	自動車	鉄　道	航　空	計
2009	33,218	433,954	4,325	103	471,600
2010	36,673	463,810	4,365	100	494,948
2011	36,098	455,747	3,989	96	495,930
2012	36,599	436,593	4,234	98	477,524
2013	37,833	434,575	4,410	102	476,920
2014	36,930	431,584	4,342	106	472,962
2015	36,549	428,900	4,321	105	469,875
2016	36,449	437,827	4,409	100	478,785
輸送分担率（%）				
年　度	内航海運	自動車	鉄　道	航　空	計
2009	7.04	92.02	0.92	0.02	100
2010	7.41	91.69	0.88	0.02	100
2011	7.28	91.90	0.80	0.02	100
2012	7.66	91.43	0.89	0.02	100
2013	7.93	91.12	0.92	0.02	100
2014	7.81	91.25	0.92	0.02	100
2015	7.78	91.28	0.92	0.02	100
2016	7.61	91.45	0.92	0.02	100

（出所：日本海事広報協会『日本の海運 SHIPPING NOW 2018-2019』）

表3-3　貨物輸送量の推移（輸送トンキロ）

輸送トンキロ（百万トンキロ）				
年　度	内航海運	自動車	鉄　道	航　空	計
2009	167,315	333,181	20,562	1,043	522,101
2010	179,898	246,175	20,396	1,032	447,503
2011	174,900	233,956	19,998	992	429,846
2012	177,791	209,956	20,471	1,017	409,235
2013	184,860	214,092	21,071	1,094	421,072
2014	183,120	210,008	21,029	1,125	415,282
2015	180,381	204,316	21,519	1,120	407,336
2016	180,438	210,316	21,265	1,046	413,065
輸送分担率（%）				
年　度	内航海運	自動車	鉄　道	航　空	計
2009	32.05	63.82	3.94	0.20	100
2010	40.20	55.01	4.56	0.23	100
2011	40.69	54.43	4.65	0.23	100
2012	43.44	51.30	5.00	0.25	100
2013	43.90	50.85	5.00	0.25	100
2014	44.10	50.60	5.06	0.27	100
2015	44.28	50.16	5.28	0.27	100
2016	43.68	50.92	5.15	0.25	100

（出所：日本海事広報協会『日本の海運 SHIPPING NOW 2018-2019』）

3.3　輸送手段分担モデルによる分析

3.3.1　輸送距離と輸送手段選択

　自動車輸送から内航海運へのモーダルシフトについて考える場合に必要な，運賃率の変化と連結点（積替え地点）の費用変化がモーダルシフトに及ぼす影響について，シンプルな輸送手段分担モデルを用いて考察しよう。

　いま，内航海運の輸送総費用を C_S，輸送距離を D_S，運賃率を P_S，運賃以外の費用を F_S とする。内航海運の輸送総費用は

$$C_S = P_S D_S + F_S \tag{1}$$

で表すことができる。同様に自動車の輸送総費用を C_A，輸送距離を D_A，運賃率を P_A，運賃以外の費用を F_A とすれば，自動車の輸送総費用は，

$$C_A = P_A D_A + F_A \tag{2}$$

となる。(1)式, (2)式の均衡点 $E\,(D_E, C_E)$ では，$D_E = D_S = D_A$，$C_E = C_S = C_A$ となり，

$$D_E = (F_S - F_A) / (P_A - P_S) \tag{3}$$

で表すことができる。ただし，自動車の運賃率は内航海運の運賃率より高いので，$P_A > P_S$ である。F_A と F_S については，運賃以外の費用，たとえばターミナルに関する費用等は，内航海運の方が一般的に大きいと考えられるので，$F_A < F_S$ となる。

　これを図示すれば，図 3-1 のようになる。SS′ は内航海運の輸送距離 D_S と輸送総費用 C_S の関係を表す直線で，同様に AA′ は自動車の輸送距離 D_A と輸送総費用 C_A の関係を表す直線である。それぞれの輸送総費用と輸送距離は比例関係にあると仮定している。SS′ と AA′ の傾きは，それぞれ内航海運と自動車の運賃率 P_S と P_A を表している。

　SS′ と AA′ の交点 E は均衡点であり，均衡点に対応する輸送距離は D_E である。

$D < D_E$ となる輸送距離においては，内航海運の輸送総費用 C_S は自動車の輸送総費用 C_A よりも大きくなるので，輸送手段としては自動車が選択される。逆に，$D > D_E$ となる輸送距離においては，内航海運の輸送総費用は自動車の輸送総費用よりも小さいので，輸送手段としては内航海運が選ばれる。すなわち，D_E よりも長い輸送距離（長距離）においては内航海運が選択される可能性が大きくなるので，自動車から内航海運へのモーダルシフトの傾向が強まるのである。

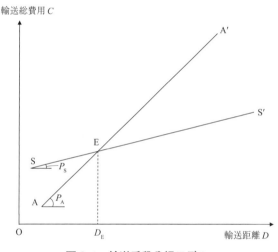

図 3-1　輸送手段分担モデル

3.3.2　運賃率の変化と輸送手段選択

次に，自動車の運賃率 P_A が低下する場合について考えよう。自動車の運賃率が P_{A1} から P_{A2} に低下したとする（$P_{A1} > P_{A2}$）。内航海運の運賃率 P_S は変わらないままである。運賃以外の費用 F_A と F_S も一定値としている。(3) 式より，D_E は以前よりも大きくなる。

これを図示したものが，図 3-2 である。運賃率が低下したことによって，自

動車の輸送距離と輸送総費用の関係を表す直線 $A_1 A_1'$ は $A_2 A_2'$ へとシフトしている。均衡点は E_1 から E_2 に移り，内航海運と自動車の輸送総費用が逆転する輸送距離も D_1 から D_2 へと移動している（$D_1 < D_2$）。この結果，内航海運が選択される輸送距離は以前よりもさらに長くなり，自動車から内航海運へのモーダルシフトの機会が少なくなっている。トラック運送業界の競争激化によってトラック運賃が大幅低下し，内航海運のコスト面における優位性が相対的に低下したことがモーダルシフトが進展しない理由の一つであるのは，このように分析できる。

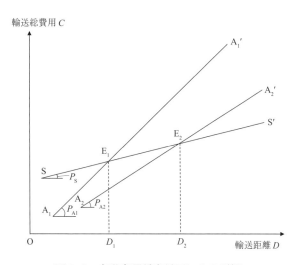

図3-2　自動車運賃率低下による影響

3.3.3　連結点の改良と輸送手段選択

　港湾等のターミナルが改良された場合の効果について考えてみる。ターミナルの改良によって，内航海運の運賃以外の費用が F_{S1} から F_{S2} に低下したとする（$F_{S1} > F_{S2}$）。運賃率 P_S は変わらないままである。(3)式より D_E は以前よりも小さくなる。

　これを図3-3 に示す。ターミナルが改良されたことによって内航海運の輸送

距離と輸送総費用の関係を表す直線は S_1S_1' から S_2S_2' へとシフトする。均衡点は E_1 から E_2 に移り，内航海運と自動車の輸送総費用が逆転する輸送距離も D_1 から D_2 へと移動する（$D_1 > D_2$）。その結果，内航海運は以前よりも短い輸送距離においても選択されるようになり，自動車から内航海運へのモーダルシフトの機会が増えることが示されている。内航海運へのモーダルシフト促進のために港湾等のターミナル改良が求められる根拠が分析できる。

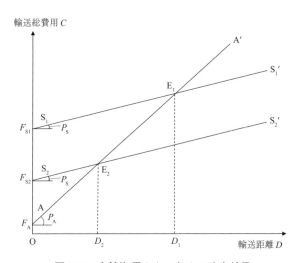

図 3-3　内航海運のターミナル改良効果

3.3.4　輸送距離，輸送総費用とモーダルシフト

内航海運へのモーダルシフトについて，輸送距離と輸送総費用の視点からより詳しく分析しよう。

図 3-4 は，モーダルシフトについて分析するために，先述の輸送手段分担モデルをより現実的にアレンジしたものである。AG は，出発地から目的地までトラックで一貫輸送する場合の輸送距離と輸送総費用の関係を表す直線である。

一方，ABCDEF は幹線部分を内航海運で輸送し，その前後をトラックで輸送する場合の輸送距離と輸送総費用の関係を表している。貨物は出発地域内に

おいてはローカルトラックで輸送（短距離輸送）され，地域内輸送と幹線輸送の結節点，ターミナルである港湾において内航海運に積替えられて幹線輸送（長距離輸送）される。目的地域内においても，ターミナル（港湾）で再びローカルトラックに積替えられる。CD は内航海運による幹線輸送を表すが，内航海運の運賃率等の輸送距離当たり費用がトラックにくらべると小さいので，CD の傾きは AG の傾きよりも緩くなっている。

　モーダルシフトによって幹線輸送を内航海運が担う場合は，ターミナルにおいて貨物の積替え等が必要になる。それは，地域内輸送と幹線輸送の連結点である港湾において，貨物の連結費用（積替え費用等）を発生させる。BC とDE はその連結費用である。

　図 3-4 においては，輸送距離が I よりも長い場合には，モーダルシフトを実行する方が，一貫輸送を行うよりも輸送総費用が小さくなる。逆に輸送距離が I よりも短い場合は，一貫輸送の方がモーダルシフトを行うよりも輸送総費用が小さくなる。したがって，輸送距離が I よりも長ければ，利用者にとっては，内航海運へモーダルシフトした方が効率的となり，モーダルシフトが進展する

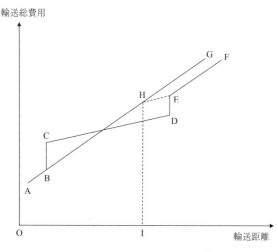

図 3-4　モーダルシフトのモデル

可能性が大きくなる。逆に，Ⅰよりも短い輸送距離では，トラックによる一貫輸送の方が効率的になるので，モーダルシフトが進展する可能性は小さい。

3.3.5 連結点の改良とモーダルシフト

モーダルシフトが効率的な輸送システムとして以前よりも広く受け容れられるためには，モーダルシフトを行う場合の輸送総費用を引き下げなければならない。その方策の一つは，ターミナルを改良し連結費用を引き下げることである。連結費用が小さくなれば，輸送総費用も減少し，モーダルシフトが実行される機会も増えるだろう。

図 3-5 には，連結点である港湾を改良した後に内航海運によってモーダルシフトを実行する場合の輸送総費用が示されている。連結点が改良されることによって，連結費用は以前の BC と DE から BC′ と D′E′ にそれぞれ低下している。内航海運によってモーダルシフトを実行する場合の新しい輸送距離と輸送総費用の関係は ABC′D′E′F′ で示される。

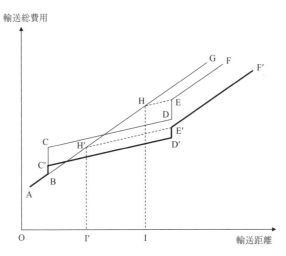

図 3-5　ターミナル（港湾）改良の効果

　連結点である港湾が改良されると，内航海運へモーダルシフトした方がトラックによる一貫輸送よりも効率的になる距離は I′ 以上となり，改良前よりも短い輸送距離帯においても内航海運へのモーダルシフトが実行される可能性が増えるだろう。内航海運へのモーダルシフトは進展するのである。

　以上の分析から明らかになったように，ターミナルが改良されれば，比較的短い輸送距離帯においても，モーダルシフトを実行すれば貨物輸送は効率的になり，その分モーダルシフトの可能性が高まる。また，輸送モード間の連携であるモーダルコネクトの強化も期待できる。第 6 次総合物流施策大綱において，輸送モード間の連携であるモーダルコネクトを強化することが述べられているが，モーダルコネクトの強化やモーダルシフトを進めるためには，連結点の改良により連結費用を低下させることが必要となるのである。

　自動車中心の国内輸送において，モーダルシフトを進めるためには，幹線輸送機関のターミナルを整備することが重要となる。自動車から内航海運へのモーダルシフトのためには，内航海運のための港湾整備が対応策の一つとして注目されるだろう。

3.4　ターミナル改良の事例
〜コンテナターミナルの自動化〜

3.4.1　コンテナターミナルの効率性追求

　ターミナル改良の事例として，コンテナターミナルの自動化を取り上げる。コンテナ港湾における荷役の効率性アップが常に求められている。大量のコンテナを可能なかぎり正確に，早く，安全に，そして低コストで処理しなければならないのである。それを実現するためには，コンテナヤード内の荷役機器に優れた性能を備えることが必要である。同時に荷役機器を運転・操作する港湾労働者の技能をレベルアップしなければならない。

　近年，コンテナターミナルの自動化を進める港湾が増えつつある。その最大の目的は，コンテナ荷役の効率性を高めるためであることはいうまでもないが，

港湾労働者の不足に対応することも目的の一つである。コンテナ輸送の普及とともに，港湾荷役は以前の労働集約型産業から装置産業へと転換し，そしてコンテナ荷役にかかわる労働形態も変化している。従来の荷役作業においては一般的であった組または班で行われる労働集約型協同作業が後退し，荷役作業の機械化が進行するとともに，質的に高度化された労働が必要とされるようになったのである。

　コンテナ輸送はアジアに集中している。表3-4が示すように，特に中国への集中が著しく，2017年のコンテナ取扱個数の多い港湾トップ10には中国のコンテナ港が6港も入っている。同じトップ10に入るシンガポール港や釜山港を含め，日本を取り巻く東アジア・東南アジア地域においては大量のコンテナ

表3-4　コンテナ取扱個数（2017年）

順位	コンテナ港	百万 TEU
1	上海（中国）	40.23
2	シンガポール	33.67
3	深圳（中国）	25.21
4	寧波－舟山（中国）	24.61
5	香港（中国）	20.76
6	釜山（韓国）	20.47
7	広州（中国）	20.37
8	青島（中国）	18.30
9	ロサンゼルス／ロングビーチ（アメリカ）	16.89
10	ドバイ（アラブ首長国連邦）	15.37
28	東京（京浜）	5.05
53	横浜（京浜）	2.93
54	神戸（阪神）	2.92
60	名古屋	2.78
72	大阪（阪神）	2.30

（出所：日本港湾協会『数字でみる港湾』）

が海上輸送されている*3。

　日本のコンテナ港のコンテナ取扱個数は，表 3-5 に見られるように，世界の主要コンテナ港には遠く及ばず，コンテナ取扱個数が最も多い東京港は 2017年においては世界で 28 位となっている。

　その背景にあるのは，中国を筆頭にアジアの国々において工業化が進展し，生産量が急増していることであるのはいうまでもない。大量輸送されるコンテナ貨物を効率的に処理するために，アジアの国々はコンテナ港を新しく建設・整備しコンテナ荷役の効率性を向上させている。

表 3-5　日本の港湾別コンテナ取扱量（2017 年，単位：TEU）

港　　湾	取扱合計	外貿コンテナ	国内コンテナ
東京（京浜）	5,049,240	4,500,156	549,084
横浜（京浜）	2,926,697	2,621,009	305,688
神戸（阪神）	2,924,179	2,218,860	705,319
名古屋	2,784,108	2,588,600	195,508
大阪（阪神）	2,326,861	2,049,701	277,150
博　　多	991,648	848,612	143,036
那　　覇	570,580	80,644	489,936
北九州	546,182	474,692	71,490
清　　水	541,540	452,765	88,775
苫小牧	335,411	219,281	116,130

（出所：日本港湾協会『数字で見る港湾』）

　一方，表 3-6 が示すように，船社はコンテナ船の輸送ネットワークを充実させて，さらにコンテナ船の大型化を進めている。

　このような状況のもとで，コンテナ港は効率的な荷役と能率的な運営をますます追求しなければならなくなっている。そのための方策の一つとして，世界のコンテナ港が進めているのはコンテナターミナルの自動化である。コンテナ

---

*3　世界のコンテナ港とコンテナターミナルの現状については，大阪港振興協会・大阪港埠頭株式会社（2019）を参照。

表3-6 世界のコンテナ船の船型 (2018年)

船　型	隻　数	シェア (%)
〜 2,999 TEU	2,892	56
3,000 〜 5,999 TEU	1,089	21
6,000 〜 7,999 TEU	270	5
8,000 〜 11,999 TEU	603	12
12,000 〜 14,999 TEU	217	4
15,000 TEU 〜	93	2

(出所：日本港湾協会『数字で見る港湾』)

ターミナルの荷役作業に自動化を導入することによって，従来の荷役作業よりも効率性を向上させて，さらには近年深刻になっている港湾労働者の不足にも対応しようとするのである。

3.4.2　コンテナターミナルの自動化

コンテナターミナルの自動化が初めて導入されたのはオランダのロッテルダム港で，1993年のことであった。その後10年間ほどは，コンテナターミナル自動化の普及は遅々としていたが，2000年代に入ると急速にヨーロッパやアジアを中心に自動化導入が進み，近年では中国において積極的に導入されつつある[4]。

日本では，名古屋港の飛島ふ頭南側コンテナターミナルが，日本で初めて自動搬送台車（AGV：Automated Guided Vehicle）や遠隔自動トランスファークレーンを導入した自動化ターミナルとして，2005年に供用が始められている。

自動化コンテナターミナルといっても，それぞれの自動化レベルは多様であるが，表3-7に示されるように，段階的に3つのタイプに分類できる。1つめは，コンテナヤードに設置されたヤードクレーンに遠隔操作を導入することによって荷役の自動化をめざしたものである。ここで，遠隔操作とは，ヤードク

---

[4]　コンテナターミナル自動化の詳細については，高橋（2018）を参照。

レーンに運転手は搭乗せずに，離れた場所から運転手がヤードクレーンを操作することをいう。代表的なコンテナ港は，香港港（中国）をはじめ釜山港（韓国），高雄港（台湾），タンジュンペラパス港（マレーシア）などである。

　2つめのタイプは，やはりコンテナヤード内の操作の自動化を実現するものであるが，AGVを導入することによってヤード内移動の完全自動をめざしている。そこではヤードクレーンに運転手が登場しないだけでなく，遠くからの操作も行わない。シンガポール港，ハンブルク港（ドイツ）が代表例であり，名古屋港の飛島ふ頭南側コンテナターミナルもこの段階にある。

　3つめは，ヤード内移動の完全自動に加えて，岸壁に遠隔自動操作のクレーンを導入することによって，コン

表3-7　コンテナヤードの自動化タイプ

ヤードクレーン等に遠隔操作導入
釜　山（韓　国）
香　港（中　国）
アントワープ（ベルギー）
高　雄（台　湾）
タンジュンペラパス（マレーシア）
ヤード内を自動化
シンガポール
ハンブルク（ドイツ）
名　古　屋
コンテナターミナルすべてを自動化
上　海（中　国）
広　州（中　国）
青　島（中　国）
ロサンゼルス／ロングビーチ（アメリカ）
ドバイ（アラブ首長国連邦）
天　津（中　国）
ロッテルダム（オランダ）
厦　門（中　国）
レムチャバン（タイ）

（出所：大阪港振興協会・大阪港埠頭
株式会社（2019））

テナターミナル内全体の自動化を図っている。上海港，青島港，厦門港など中国の代表的なコンテナ港やロッテルダム港（オランダ），レムチャバン港（タイ）においてコンテナターミナル内全体の自動化が進められている。

　名古屋港の飛島ふ頭南側コンテナターミナルは，日本で唯一の自動化が導入されているターミナルである。同コンテナターミナルは，面積が $361.549\,m^2$，バース延長 $750\,m$，水深 $16\,m$，コンテナ蔵置キャパシティー 1 万 $8,598\,TEU$ で，名古屋港においては，鍋田ふ頭コンテナターミナルに次ぐコンテナ処理能力を誇っている。飛島ふ頭南側コンテナターミナルヤード内では，遠隔操作のラバータイヤ式自動門型トランスファークレーン（RTG：Rubber Tired Gantry

Crane）と AGV が設置されて，コンテナ荷役が効率的に実行されている。RTG
は遠隔操作室よりモニター映像を確認しながら遠隔操作される。また，AGV
はターミナル運行管理システムによって制御される自動搬送台車で，RTG や
岸壁ガントリークレーン（Quay Crane）との連携を高めることによってコンテ
ナ荷役の効率性を向上させている。

　近年は多くのコンテナターミナルにおいて自動化が進みつつある。アジアの
国々をはじめとする新興国でもコンテナターミナルに自動化が積極的に導入さ
れている。その多くはコンテナヤードの自動化であり，少人数のオペレーター
が数多くの RTG を操作し，AGV がヤード内輸送を無人で行うことによって，
コンテナ荷役の効率化を高めていくことを目的としている。

3.4.3　自動化の課題

　コンテナターミナルの自動化には，多様な側面がある。
　荷役の自動化を進めることによって期待できるプラス面には次のようなもの
が挙げられる。
・コンテナ荷役操作を一貫して実行できる。
・コンテナ処理能力が向上し，省力化も進むことから，効率性・生産性の増大
　が期待できる。
・無人化・遠隔化により事故を無くし，安全性を高めることができる。
・コンテナヤードを高密度に利用でき，効率的である。
・24 時間・365 日連続して稼働できる。
・ヒューマンエラーを無くすことができる。
・労働力の削減が可能になる。
・自然環境の保全が期待できる。
　その一方で，次のようなマイナス面もある。
・初期投資が高額である。
・コンテナヤードに一定の広さが求められる。
・従前からの労働者との交渉が必要になる。

・遠隔操作などの新しい技術やオペレーションを習得しなければならない。

　船社からすれば，港湾荷役が自動化されれば年間を通して昼夜を問わず同一の料金でコンテナ荷役サービスを享受できるようになる。従来の荷役方式では深夜などでは人件費が割り増しになり，時間帯によっては荷役料金が高くなるケースがある。時間帯に関係なく同一料金で荷役サービスを受けることができれば，船社のメリットは大きい。

　港湾労働の観点からすれば，荷役の自動化によって人件費の削減が期待できる。特に港湾労働の人件費が高い港湾地域においては，人件費削減効果が顕著になるだろう。また，労働事故の撲滅も実現可能になる。さらには，日本のように少子高齢化が進み，労働力人口が減少する社会における港湾労働力不足にも対応が可能である。女性の港湾労働への進出にも対応できる。その一方で，従前の港湾労働者との協調・交渉や，新しい技術・オペレーションの習得も重要な課題であることを忘れてはならない。

3.5　総合的ビジョンの必要性

　先の分析から明らかなように，ターミナルが改良されれば，比較的短い輸送距離帯においても，モーダルシフトが推進され，それだけモーダルシフトの機会が増えると考えられる。自動車中心の国内輸送において，モーダルシフトを進めるためには，港湾や空港，鉄道貨物ターミナルなど，地域内輸送手段と幹線輸送手段のターミナルを整備することが重要となる。

　近年，ターミナルの整備は進められて，積替えに必要な連結費用は以前よりは低下している。モーダルシフトの可能性は高まってきているともいえる。しかしながら，総合的な貨物輸送システムとしての輸送ネットワークの効率性を考えると，モーダルシフトは交通手段別に追求するだけではなく，総合的に計画・実行することが重要ではないだろうか。さらに，モーダルシフトを促進するための総合的なビジョンも求められるのではないだろうか。

　モーダルシフトを促進するために必要な総合的ビジョンを考えるうえで，ア

メリカのインターモーダリズムが参考になる。アメリカでは，1991 年にモーダルシフト政策の基本的方針を示す，「インターモーダル陸上輸送効率化法 (Intermodal Surface Transportation Efficiency Act of 1991, ISTEA)」が成立した[5]。

ISTEA は，インターモーダル輸送を一般化し，概念化することによってインターモーダリズム（Intermodalism）という政策体系にまで昇華させた。インターモーダリズムは，connection, choice, coordination and cooperation という 4 つのキーワードからなる[6]。

- connection：人々の乗り換えや貨物の積替えが便利で，早くて，効率的で，安全であることを意味する。
- choice：異なる交通手段の競争を通じた選択肢の提供を意味する。また，それは政策決定者が交通インフラ投資を決定する際に，代替的なシステムを考慮しなければならない。
- coordination and cooperation：すべての輸送手段あるいは相互の接続に関して輸送サービスの質，安全性，効率性を向上させるための組織間の協力や協調を意味する。また，それらは環境に配慮した方法で行われる必要がある。

ISTEA の目標は，インターモーダリズムの実現であった。インターモーダリズムはすべての交通手段の相互作用と，地点間の移動において最も効率的な手段を明確にする。いいかえれば，道路，鉄道，航空および海上交通を含めた繋ぎ目のない交通ネットワークを形成することを目指している。

重要なことは，インターモーダリズムはトリップ自体の減少を意図しているのではなく，選択の増加，つまりモビリティの拡大を意図していることにある。具体的には，港湾や鉄道ターミナルなどを単一輸送手段のターミナルから複数輸送手段のターミナルにすることなどが考えられる。

モーダルシフトを進めるための総合的なビジョンであるインターモーダリズムの考え方は，日本でも大いに参考になる。モーダルシフトを促進するために

---

[5]　National Commission on Intermodal Transportation（1994）を参照。
[6]　インターモーダリズムの詳細については，加藤（1997），榊原ら（1999），Ho（1996）を参照。

は総合的なビジョンの設定が重要なのである。

3.6　まとめ

　モーダルシフトは，トラックドライバー不足やトラック輸送による交通渋滞，環境問題等の観点から，それらを解決するための方策として推奨されてきた。物流政策の基本的方向を示す総合物流施策大綱においても，物流施策の重要課題として取り上げられている。

　内航海運においても，モーダルシフトを推進するための対応策が検討されてきている。それらは，①内航海運暫定措置事業において建造納付金を大幅に引き下げて船舶の新造をしやすくすること，②幹線輸送とローカル輸送の連結点（貨物積替え地点）となるターミナルを整備しコンテナ船やRORO船の航路を充実させること，等である。

　しかしながら，モーダルシフトは期待通りには進展していない。その理由には，①低付加価値で輸送時間制約が小さい原材料などの長距離輸送についてはすでに海運や鉄道が大部分を輸送していること，②高付加価値で高水準の輸送サービスが要求される工業製品はトラック輸送が一般的であること，③トラック運送業の競争激化がトラック運賃を引き下げ，内航海運や鉄道の費用面での優位性が低下したこと，④ジャストインタイム輸送などの輸送需要変化への対応はトラック輸送が優れていること，⑤海運や鉄道はトラックによる端末輸送が必要で端末輸送費用と積替え施設整備が求められること，⑥輸送ロットが小さい貨物は海運や鉄道には向いていないこと，等が挙げられる。

　ターミナル改良がモーダルシフトに与える効果に関するモデル分析が示すように，ターミナルが改良されれば比較的短い距離においてもモーダルシフトが実行される可能性が高まる。自動車から内航海運へのモーダルシフトのためには，港湾整備が対応策の一つとなるのである。

　港湾整備の一つの方策として，コンテナターミナルの自動化が取り上げられる。コンテナターミナル自動化は，コンテナ荷役の効率性を高めることが目的

であることはいうまでもないが，港湾労働者不足への対応策としての側面もある。近年では，ヨーロッパやアジアの国々において，コンテナヤードに自動化が積極的に導入されてきている。

　ターミナルが改良されれば，比較的短い輸送距離帯においても，モーダルシフトが推進され，それだけモーダルシフトの機会が増えると考えられる。自動車中心の国内輸送においてモーダルシフトを進めるためには，港湾や空港，鉄道貨物ターミナルなど，地域内輸送手段と幹線輸送手段のターミナルを整備することが重要である。

　近年，ターミナルの整備は進められ，積替えに必要な連結費用は以前よりは低下している。モーダルシフトの可能性は高まってきているともいえよう。しかしながら，総合的な貨物輸送システムとしての輸送ネットワークの効率性を考えると，モーダルシフトは交通手段別に追求するだけではなく，総合的に計画・実行することが必要となる。モーダルシフトを促進するためには，そのための総合的ビジョンが求められるだろう。

第4章 内航船とトラックの種別を考慮した モーダルシフト分析

4.1 はじめに

　トラックドライバー不足や労働時間の法令遵守，CO_2 削減への取り組みなどを背景に，トラック輸送のモーダルシフトが注目されている。国土交通省では 2020 年までに，鉄道や海上輸送への転換目標として雑貨の輸送を 367 億トンキロとしている。トラックドライバー不足の問題をはじめ，高速道路の老朽化や維持管理の観点からも，貨物の安定的な輸送を考える上で，モーダルシフトは重要となる。

　モーダルシフトを考えるとき，貨物の真の発着地と流動量や利用輸送機関等のデータが必要となる。これらの全国規模データとして，「全国貨物純流動調査」（以下，「物流センサス」とする）がある。これは貨物そのものの流動を把握するために荷主側から貨物の動きを捉えた統計調査であり，国土交通省が 5 年ごとに行っている。物流センサスには，貨物流動の概要を調査した「年間調査」と貨物の詳細な流動を調査した「3 日間調査」の 2 種類がある。ここでは，貨物流動における輸送手段や使用港湾，出荷件数等が記載されている最新版である非集計の 2015 年 11 月における 3 日間調査データを用いる。物流センサスでは，トラックの種別を自家用トラック，宅配便等混載の営業用トラック（以下，「宅配便等混載」とする），一車貸切の営業用トラック（以下，「一車貸切」とする）とトレーラーの 4 つに区分している。内航船は，コンテナ船，RORO 船，フェリー，その他の船舶に区分している。それぞれ異なった特徴を有しているため，これらのトラックに対し，船舶も種別ごとにシフト先を検討する必

要がある。ただし，「その他の船舶」は，主にタンカーや一般貨物船による大ロットの石油製品や鉄鋼を輸送する船舶を指し，トラックの輸送形態とは大きく異なるためモーダルシフト先の対象船舶から除いた。

また，鉄道へのシフトも検討する必要があるが，40フィート背高コンテナの荷役と輸送制約の問題[*1]や旅客主体[*2]のため線路容量拡大の問題など克服すべき課題を抱えており，今回は内航船のみを対象とする。

そこで，2015年の物流センサスデータを用いて，モーダルシフト対象となる内航船（コンテナ船，RORO船，フェリー）の船種ごとにその輸送特性を明らかにし，トラックとの輸送機関選択モデルを検討する。

4.2　過去の研究事例

モーダルシフトに関する先行研究として，数理モデルを使って検討したものは比較的多く見られる。たとえば，田中ら（2003）は集計ロジットモデルを利用して，品目ごとにフェリー，コンテナ船，RORO船，鉄道およびトラックの関東と北海道間による輸送機関選択モデルを構築し，フェリーの運賃を割安にした場合のモーダルシフトについて考察を加えている。

[*1]　国土交通省（2015）によると，全鉄道貨物駅のうち，40フィート輸出入コンテナに対応する荷役機器を保有し，路盤が強化されている駅は27駅であり，そのうち40フィート輸出入コンテナの重量貨物（最大総重量約30トン）の取り扱いが可能な35トン荷役機器を有するのは，5駅のみ（仙台港，宇都宮貨物ターミナル駅，東京貨物ターミナル駅，横浜本牧，北九州貨物ターミナル駅）となっている。また，40フィート背高コンテナは，通常の40フィートコンテナよりも高さが1ft（約30cm）高くなっているため，一部のトンネルにおいて通行支障が生じる区間が存在する等，構造・施設面，運行の安全確保に課題がある。現在40フィート背高コンテナの輸送は，東京貨物ターミナル駅〜盛岡貨物ターミナル駅の区間に限られている。

[*2]　福田（2015）によると，JR貨物の輸送は首都圏・福岡間と首都圏・北海道間に集中している。これらのうち首都圏・福岡間については，旅客輸送についても需要が大きく，線路容量に余裕が少ない。首都圏や近畿地方の一部区間においては，線路容量を拡大すべく複々線化，貨物別線の建設等が実施されているものの，名古屋市周辺区間ではこれらが少なく，線路容量が限界に近づきつつあるとしている。

　尹ら（2005）はトラック（宅配等混載と一車貸切を合わせたもの）とフェリー，またトラックと鉄道コンテナという輸送機関選択について非集計ロジットモデルを用いて検討しているが，ここでも対象地域は北海道・東北と関東，九州と関東である。

　伊藤（2006）は品目によって輸送手段・経路が異なると考えられる北海道発域外向け内貿ユニット貨物を対象として，輸送経路選択の要因の判別分析を行っている。また，同様の対象地域にランダム・パラメータ・ロジットモデルを適用した伊藤（2008）の成果もある。

　海上へのモーダルシフトについては，筆者も永岩・松尾（2011），永岩（2014）において環境問題や外部不経済の是正に資するため，非集計ロジットモデルを用いて陸上輸送から海上輸送へのモーダルシフトについて，数理モデルの検討を行ってきた。

　これらの研究は，物流センサスの3日間調査データを用いており，国内貨物と輸出貨物を対象とした分析である。

　一方，国際海上コンテナ貨物の国内輸送に着目して，「全国輸出入コンテナ流動調査」（以下，「コンテナ流動調査」とする）のデータからモーダルシフトを検討した先行研究としては，属（2005）の成果がある。ここでは，鉄道による国際海上コンテナ貨物のインターモーダルシステムの構築を念頭に，鉄道輸送の潜在需要や陸上における輸送距離・時間・コストなどを分析し，わが国における国際海上コンテナ貨物の陸上インターモーダル輸送成立の可能性を明らかにしている。同様に，コンテナ流動調査のデータを用いて，鉄道へのモーダルシフトを検討したものとして，国土交通省（2015）がある。ここでは，労働力不足や環境対策としてのモーダルシフトの重要性が増しているなかで，これまでほとんど鉄道で輸送されてこなかった輸出入コンテナについては，ハード面やソフト面の課題解決が進むことで鉄道輸送へシフトするポテンシャルが大きいが，多岐に渡る課題を解決するには，鉄道貨物事業者や利用運送事業者をはじめ，各関係者の協力・連携が不可欠となるとしている。しかしながら，これらは鉄道へのモーダルシフトのみを検討している。

　コンテナ流動調査のデータを用いて，内航輸送へのモーダルシフトを検討した研究には，松倉ら（2016）がある。ここでは，物流センサスとコンテナ流動調査のデータを用いて，国内貨物と輸出入貨物の2種類のパターンに分けて，犠牲量モデルによる分析を行っている。そして，施策評価として内航輸送に金銭補助を行うことにより，内航輸送へのシフトのシミュレーションを行っている。

　本章の内容に近いものとして，永岩ら（2005）の研究がある。ここでは，2000年の物流センサスデータを用いて，トラックは営業用と自家用に分けて，モーダルシフト先として一般貨物船，コンテナ船，RORO船，フェリー等に区分して正準判別モデルによる検討をしている。モーダルシフト対象船として，船種ごとに異なる輸送機関として扱うことが必要であるとし，輸送機関別に大きな偏りのある県間流動のデータを用いて6群の判別分析を行っている。一般貨物船もモーダルシフト対象船としており，正判別率は34%と低い値となっている。また，発着地は全国を271に分割した生活圏となっている。

　そこで，永岩ら（2005）の研究をベースに，トラック輸送を自家用トラック，宅配便等混載，一車貸切とトレーラーの4種類，モーダルシフト対象船としてコンテナ船，RORO船とフェリーの3種類について，内航輸送の現状分析を行うとともに，トラックと内航船の種別を考慮したモーダルシフトについて考察する。

4.3　物流センサスデータの特徴と輸送距離データ

4.3.1　物流センサスデータの特徴

　わが国全体の貨物輸送を取り扱ったデータとしては，毎年報告される「貨物・旅客地域流動調査」（以下，「総流動調査」とする）と，5年ごとに実施される「物流センサス」の2つがある。

　総流動調査は輸送機関に注目した調査データで，1つの貨物がトラック，鉄道，船舶と積替えられて輸送されれば，トラック，鉄道，船舶ごとに貨物輸送

が集計され，実際の貨物の流れはわからない。

　一方，物流センサスは，貨物そのものに着目し，出発点から到着点までに担当した輸送機関を捉えた純流動統計として，全国を網羅的に把握する実態調査である。

　また，総流動調査は県単位の集計データであり，貨物 1 つ 1 つのロットや届け先，使用した港湾やインターチェンジなどはわからない。その点，物流センサスデータは 3 日間ではあるが，2015 年調査から「市区町村」単位の発着地が公表されるようになっており[*3]，使用した港湾名やインターチェンジ名なども公表され，個々の貨物の流動状況が良くわかるデータとなっている。

4.3.2　輸送距離データ

　2015 年の物流センサスでは発着距離のデータが掲載され，「NITAS（総合交通分析システム）Ver2.4」（国土交通省総合政策局総務課）を使用して計測した道路輸送距離（利用輸送機関の如何を問わず，出荷 1 件ごとに道路（高速道路を含む）および海上輸送を利用したルート）となっている。ただし，同一発着地で異なる主たる輸送機関で輸送された場合（たとえばトラックまたは船舶）でも同じ距離となっているため，発着地点間の道路輸送距離をいずれの場合にも用いられていると考えられる。

4.3.3　内航利用の輸送距離データ

　輸送距離データは，内航輸送でも発着距離としてトータルの値しか与えられていないので，内航輸送の場合は，以下のように求めた。

　内航の航路長は，『内航距離表』（日本海運集会所，1996 年）から，発港湾から着港湾の航路距離を求めている。

　また，発着地は市区町村単位となっているため役所を発着地点と仮定し，発地

[*3]　2010 年までは，調査票自体は市区町村単位であったが，各県を 2 ～ 20 程度にゾーニングした「生活圏」として発着地は公表されていた。

と発港湾のアクセス距離と着港湾から着地までのイグレス距離は，NAVITIME
の Web サイト[*4] から求めている。

4.4 モーダルシフト対象船の特徴

4.4.1 船舶分類とその特徴

　物流センサスデータの内航海運は，コンテナ船，RORO船，フェリー，その
他の船舶の 4 つに分類されている。これらの船舶の特徴を以下に示す。

① 　コンテナ船：貨物をコンテナに入れて運び，陸上の荷役施設で積卸しを
する。内航コンテナは，20ft（約 3 m），40ft（約 12 m），12ft（約 3.6 m）が存
在する。いずれも幅は 8ft（約 2.4 m）である。船とトラックや鉄道と連絡し，
戸口から戸口への海陸一貫輸送を行っている。

② 　RORO船：フェリーと同様に貨物や車両をランプウェイから運び込むよう
に工夫された船舶である。内航海運業法が適用され，フェリーと異なり自
走可能な車両でも港湾運送事業者によって積卸しされ，旅客定員は 12 名と
なっている。

③ 　フェリー：海上運送法が適用され，乗用車やトラックを利用者自体が運転
して積卸しを行い，旅客も同時に運ぶ船舶である。近年では，クルーズ用途
として客室の個室化が進んでいる。

④ 　その他の船舶：鋼材，機械，雑貨，肥飼料，穀物などバラ積みの貨物を運
べる典型的な一般貨物船，自動車専用船，セメント専用船，石灰石専用船，
石炭専用船，省エネ帆装船，プッシャー・バージ，土砂運搬船，砂・砂利専
用船，一般油送船，ケミカル船，特殊タンク船等がある。その他の船舶は，
前述したように，大ロットの石油製品や鉄鋼を輸送する船舶であり，トラッ
クとは輸送形態が大きく異なるためモーダルシフト先の対象船舶から除いた。

[*4]　http://www.navitime.co.jp。最終アクセス日 2019 年 2 月 26 日。

4.4.2　物流センサスデータによる内航輸送の輸送特性

　トラック輸送を内航輸送へモーダルシフトする検討のため，主たる輸送機関が内航海運であるデータを抽出し，分析を行った。ただし，内航海運でしか輸送できない離島，および発着地が同一県のデータは除いている。

（1）輸送距離

　4.33 項で説明しているように，発地から発港までのアクセス距離，発港から着港までの航路長，着港から着地までのイグレス距離と，物流センサスデータに記載されている発着距離を船種ごとに集計した結果を表 4-1 に示す。

　コンテナ船は，航路長 101 ～ 300 km がトン数ベースで 65.3% であり，701 km 以上も 34.7% ある。アクセス距離とイグレス距離がほぼ 50 km 以下であり，陸送距離が短い特徴がある。

　RORO船は，航路長はフェリーよりも長いが陸送距離は短く，比較的利用港湾に近い発着地点の輸送に利用されている特徴がある。

　フェリーは，発着港湾からやや遠方からでも利用される特徴を持っている。利用者が自ら運転して車両を積込むため，受付締め切り時刻が出港 1 時間前程度であり，港湾運送業者が積込みを行う RORO 船より時間的制約に余裕があるためと考えられる。

（2）出荷時のトラック種別

　出荷時のトラックの種別と輸送ロットについて集計したものを表 4-2 に示す。

　コンテナ船は，件数ベースとトン数ベースともに一車貸切とトレーラーしかなく，その比率もほぼ同じである。一車貸切のロットが大きいのが特徴となっている。

　RORO船の件数ベースでは，一車貸切とトレーラーがほぼ同数で 46.9% と 41.3% であり，宅配便等混載は 11.8% しかない。トン数ベースでは一車貸切が 37.6%，トレーラーは 62.3% となっており，宅配便等混載は 0.1% である。平均ロットは，トレーラーがコンテナ船より大きいが，一車貸切はコンテナ船の 1/3 とかなり小さくなっている。

表4-1　各船舶における輸送距離特性

物流センサス記載の 発着距離	コンテナ船		RORO船		フェリー	
	件数	トン数	件数	トン数	件数	トン数
100km 以下	0.0%	0.0%	0.0%	0.0%	3.4%	1.9%
101 - 200km	19.5%	14.9%	0.4%	0.6%	1.5%	2.1%
201 - 300km	23.7%	50.4%	1.3%	0.9%	1.9%	9.9%
301 - 500km	0.0%	0.0%	10.5%	7.6%	5.1%	8.6%
501 - 700km	2.5%	3.0%	10.2%	13.7%	13.5%	18.4%
701 - 1000km	26.3%	9.4%	42.2%	42.2%	28.3%	29.0%
1001km 以上	28.0%	22.3%	35.5%	35.0%	46.3%	30.1%
平　均	451.0km		803.7km		921.2km	
アクセス距離						
50km 以下	75%	93%	50%	71%	28%	35%
51 - 100km	5%	3%	28%	15%	16%	21%
101 - 150km	3%	3%	17%	7%	25%	12%
151 - 200km	0%	0%	2%	4%	9%	12%
201 - 300km	13%	1%	2%	2%	10%	10%
301km 以上	5%	0%	1%	1%	12%	10%
平　均	50.8km		59.3km		152.8km	
航路長						
100km 以下	0%	0%	0%	0%	4%	3%
101 - 200km	19%	15%	0%	0%	2%	2%
201 - 300km	24%	50%	1%	0%	7%	12%
301 - 500km	0%	0%	9%	7%	4%	24%
501 - 700km	5%	0%	7%	9%	12%	8%
701 - 1000km	31%	13%	43%	40%	64%	38%
1001km 以上	21%	21%	39%	44%	7%	13%
平　均	446.3km		859.4km		734.0km	
イグレス距離						
50km 以下	90%	89%	44%	55%	25%	38%
51 - 100km	5%	5%	24%	20%	35%	25%
101 - 150km	5%	5%	9%	12%	12%	14%
151 - 200km	0%	0%	6%	2%	12%	12%
201 - 300km	0%	0%	9%	4%	9%	6%
301km 以上	0%	0%	8%	6%	7%	6%
平　均	15.3km		95.1km		109.3km	

（出所：2015年物流センサス3日間調査データをもとに作成）

注）平均は件数ベース。

表 4-2　船舶輸送における出荷時のトラック種別とロット

トラックの種類	コンテナ船			RORO船			フェリー（短距離を含む）		
	件　数	トン数	平均ロット（トン）	件　数	トン数	平均ロット（トン）	件　数	トン数	平均ロット（トン）
自家用トラック	0.00%	0.00%	–	0.00%	0.00%	–	0.44%	1.21%	1.84
営業用トラック（宅配便等混載）	0.00%	0.00%	–	11.77%	0.14%	0.13	91.47%	8.56%	0.06
営業用トラック（一車貸切）	41.21%	56.65%	27.35	46.91%	37.57%	8.69	5.96%	49.99%	5.60
トレーラー	58.79%	43.35%	14.67	41.32%	62.29%	16.35	2.13%	40.24%	12.62
合　計	100.00%	100.00%	–	100.00%	100.00%	–	100.00%	100.00%	–

（出所：2015 年物流センサス 3 日間調査データをもとに作成）

　フェリーの件数ベースでは，宅配便等混載が 91.5% と非常に高い割合を占めている。トン数ベースでは，一車貸切が 50.0% であり，トレーラーも 40.2% と高い割合を占めている。フェリーの平均ロットは宅配便等混載は 60kg，一車貸切が 5.6 トン，トレーラーは 12.6 トンとなっている。

(3) 輸送品目

　重量ベースによる輸送品目構成を表 4-3 に示す。

　重量ベースの品目から見ると，コンテナ船は「その他の非金属鉱物 (47.1%)」「金属製品（21.1%）」「自動車部品（13.0%）」の順となっている。

　RORO 船は「紙（32.1%）」「自動車（11.6%）」「自動車部品（9.0%）」の順であり，フェリーは「その他の食料工業品（13.4%）」「紙（9.2%）」「その他の窯業品（7.1%）」の順となっている。RORO 船とフェリーは，「紙」が共通項であるが，RORO 船の輸送割合が多く，RORO 船のインダストリアル・キャリアーとしての特徴が見てとれる。

(4) 輸送手段選択理由

　2010 年調査から新たに「代表輸送機関の選択理由（複数回答可）」が調査されており，9 つの選択肢から 3 つまで選択できるようになっている（表 4-4 参照）。

　コンテナ船の選択理由で最も多いのは，「出荷 1 件あたり重量に適合」という大ロット貨物への適合度であり，次に「輸送コストの低さ」「到着時間の正確さ」となっている。

　RORO 船とフェリーの選択理由は，「輸送コストの低さ」「到着時間の正確さ」がともに 1，2 番目に多く，次いで RORO 船は，「環境負荷の小ささ」「荷傷みの少なさ」の順になっている。フェリーは「出荷 1 件あたり重量に適合」が 3 番目に多く，コンテナ船とは異なり小ロット貨物がフェリーに適合することが見てとれる。4 番目に多いのは「環境負荷の小ささ」である。

　内航船全般の選択理由から見れば，コスト重視で環境負荷の小さい輸送手段である内航船を選択しているといえる。

表 4-3　重量ベースの輸送品目構成

順位	コンテナ船 品目	総重量	構成比	RORO船 品目	総重量	構成比	フェリー 品目	総重量	構成比
1	その他の非金属鉱物	1,108	47.1%	紙	27,319	32.1%	その他の食料工業品	18,225	13.4%
2	金属製品	496	21.1%	自動車	9,893	11.6%	紙	12,574	9.2%
3	自動車部品	306	13.0%	自動車部品	7,662	9.0%	その他の窯業品	9,684	7.1%
4	化学薬品	147	6.2%	合成樹脂	5,738	6.7%	合成樹脂	8,252	6.0%
5	その他の日用品	79	3.4%	野菜・果物	3,334	3.9%	金属製品	6,659	4.9%
6	その他の機械	71	3.0%	鉄鋼	3,016	3.5%	鉄鋼	6,195	4.5%
7	その他の石油製品	68	2.9%	産業機械	2,839	3.3%	飲料	6,124	4.5%
8	その他の畜産品	23	1.0%	その他の石油	2,370	2.8%	その他の畜産品	5,692	4.2%
9	合成樹脂	22	0.9%	その他の食料工業品	2,194	2.6%	セメント製品	5,273	3.9%
10	その他の化学工業品	22	0.9%	その他の窯業品	2,100	2.5%	水産品	4,457	3.3%
-	上位 10 品目の占める割合	-	99.6%	上位 10 品目の占める割合	-	78.0%	上位 10 品目の占める割合	-	60.9%

（出所：2015 年物流センサス 3 日間調査データをもとに作成）

表 4-4　輸送手段選択理由（トン数ベース）

順位	構成比	代表手段選択理由
		コンテナ船
1	51.8%	出荷 1 件あたり重量に適合
2	49.5%	輸送コストの低さ
3	22.1%	到着時間の正確さ
4	21.1%	事故や災害発生時の迅速な対応
5	8.8%	環境負荷の小ささ
6	3.4%	その他
7	3.0%	届先地に対して他の輸送機関がない
8	0.0%	所要時間の短さ
9	0.0%	荷傷みの少なさ
		RORO船
1	77.6%	輸送コストの低さ
2	44.4%	到着時間の正確さ
3	44.1%	環境負荷の小ささ
4	22.5%	荷傷みの少なさ
5	13.3%	出荷 1 件あたり重量に適合
6	13.2%	届先地に対して他の輸送機関がない
7	10.2%	所要時間の短さ
8	2.6%	その他
9	0.7%	事故や災害発生時の迅速な対応
		フェリー
1	71.4%	輸送コストの低さ
2	35.4%	到着時間の正確さ
3	23.5%	出荷 1 件あたり重量に適合
4	22.7%	環境負荷の小ささ
5	19.1%	届先地に対して他の輸送機関がない
6	18.7%	荷傷みの少なさ
7	17.4%	所要時間の短さ
8	8.0%	その他
9	1.9%	事故や災害発生時の迅速な対応

（出所：2015 年物流センサス 3 日間調査データをもとに作成）

注）9 つの選択肢からの複数回答のため
各回答をトン数ベースで集計した。

（5）出荷時刻

内航船利用時における発地で貨物が出荷される時刻の特徴について見てみる（図4-1参照）。

コンテナ船利用の出荷時刻は9時にピークがあり，8時から16時までに出荷され，アクセス距離が短いことより（表4-1参照），夜間の荷役はほとんど実施されていないことがわかる。

RORO船利用は12時と18時にピークがあるものの，8時から18時まで平均的となっており，特に集中する時間帯は見られない。

フェリー利用は16時から18時頃の出荷が一番多く，アクセス距離や乗船時間などを考慮するとフェリーの出港時刻は夕方から深夜となろう。

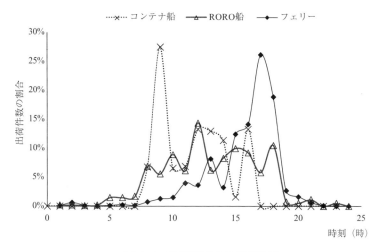

図4-1　輸送機関別の出荷時刻
（出所：2015年物流センサス3日間調査データをもとに作成）
注）出荷件数を割合にしている。

4.5 トラックと内航船の輸送機関分担モデル

4.5.1 要因分析とモデル

前章の分析から，モーダルシフト対象船としてのコンテナ船，RORO船，フェリーはそれぞれ輸送特性が異なる。トラック（自家用，宅配便等混載，一車貸切，トレーラー）に対し，内航船（コンテナ船，RORO船，フェリー）のそれぞれが選択される要因について検討を試みる。そのため，4種別のトラック輸送から，発着地の市区町村が同じである内航船で輸送されている競合データを抽出する。発着地が同じであるため，現在はトラックで輸送されているが，比較的抵抗なく内航船へシフトできる可能性が高いと考えられる。

この競合データを用いて，各輸送手段を選択するモデルを作成するが，一般的な要因分析では，重回帰分析がよく用いられる。すなわち，ある目的となる要因を目的変数とし，それに関係があると思われる要因を説明変数として重回帰モデルを構築すれば，その説明変数の中で有意として残った説明変数が，目的となる要因に大きく関係する要因となる。この場合は，目的変数および説明変数ともに量的データでなければならず，目的変数が事象 A か B かという 2 つの質的変数の場合には正判別分析，特に 3 群以上の構造を明らかにする場合には正準判別分析[*5] が利用される。

また，経路選択や輸送機関選択の行動モデルは，確率モデルであるロジットモデルが良く用いられるが，本章では経路に影響を与える要因に着目することにし，データ件数に大きな隔たりがあることから，(1)式のような判別モデルを用いることとした。

すなわち，

$$Z_i = \beta_{i1} X_1 + \beta_{i2} X_2 + \cdots + \beta_{in} X_n + \beta_0 \qquad (i = 1, 2, \cdots, m) \tag{1}$$

ここで，

[*5] 本章では両者を合わせて判別分析とする。

Z_i ：正と負で m 個のグループのうち分けやすいものを二分する。

Z_{i+1}：Z_i で分離できなかった 2 グループのうち分けやすいものを二分する。

X_j ：説明変数（$j = 1, 2, \cdots, n$）

β_{ij} ：係数

表 4-5　モーダルシフト対象船と同一発着地を持つ輸送手段の輸送件数

輸送手段	コンテナ船	RORO船	フェリー
鉄道（コンテナ）	0	639	1,234
鉄道（車扱・その他）	0	0	0
自家用トラック	0	42	0
営業用トラック（宅配便等混載）	678	2,499	11,544
営業用トラック（一車貸切）	161	793	2,219
トレーラー	0	102	153
フェリー	40	2,739	117,606
海運（コンテナ船）	111	0	34
海運（RORO船）	0	7,572	598
海運（その他船舶）	0	22	140
航空	0	302	407

（出所：2015 年物流センサス 3 日間調査データをもとに作成）

4.5.2　モデルの投入変数

モデルに投入した説明変数は以下の 15 変数である。

X_1：発着地を結ぶ物流センサスデータの発着距離

X_2：発地から発港湾までの道路距離

X_3：発港湾から着港湾までの海上距離

X_4：着港湾から着地までの道路距離

X_5：所要時間

$X_6 \sim X_{14}$：品目ダミー（9 品目）

X_{15}：輸送ロット（トン／件）

トラックのデータについては，内航船を利用すると想定して $X_2 \sim X_4$ を与えている。その際，代替経路は多数存在するため，海上距離が X_1 の 1/2 以上利用されるとし，最短経路となる発着港湾を選択することとした。物流センサスデータには，輸送費用もデータとしてあるが，金額が不明や 0 円となっている不完全データが多かったため利用しなかった。

4.5.3　コンテナ船の選択行動の分析

コンテナ船のデータは 111 件で，競合データは宅配便等混載が 678 件，一車貸切が 161 件となっており（表 4-6 参照），自家用トラックとトレーラーのデータは無い。宅配便等混載の件数との隔たりが大きいが，まずは，宅配便等混載と一車貸切をまとめてトラックによる陸送とし，コンテナ船との 2 群の判別モデルを検討してみる。次に，トラックを宅配便等混載と一車貸切に区分して，3 群の判別モデルを検討した。一般的には群が増えれば判別率は下がる。

ここでは判別率が 70% 以上ある 3 群のモデルを用いて，選択行動の検討を行う。このコンテナ船 3 群モデルのグループ重心の位置を表 4-7 に示すが，これにより群を識別することができる。すなわち，関数 Z_1 によって宅配便等混載（−），一車貸切とコンテナ船（＋）に分けられる。次に，Z_2 によって，一車貸切（−）とコンテナ船（＋）に分けられる。Z_1 では陸路と海路には識別されていないが，一車貸切とコンテナ船の輸送特性に類似性があり，宅配便等混載とは異なるためであろう。しかしながら，Z_2 では陸路（−）と海路（＋）に識別していることがわかる。このような識別を，判別関数の係数と併せて検討する。

標準化された係数は，関数 Z の値に与える影響の度合いを示す（表 4-8 参照）。したがって，標準化された係数の値が大きいほど Z に大きな影響を与えることになる。

まず，標準化された係数の関数 Z_1 を見てみると，アクセス距離，航路長，

鉱産品の係数がプラスで大きいことから，これらはコンテナ船を選択する傾向にあることがわかる。一方，距離の要因である発着距離がマイナスの大きな値であるため，発着距離が長くなるとコンテナ船は選択されない傾向を持つといえる。これは，一般的には距離が長くなれば，船舶による輸送が増加するという傾向からは矛盾している。しかしながら，次に係数の値が大きい航路長の係数はプラスであり，航路長が長ければコンテナ船を選択する傾向を持つことになる。つまり，同じ発着地の場合は，その間における航路長の割合が大きければ大きいほどコンテナ船を選択する傾向が強くなることを意味する。そして，アクセス距離の係数はプラス，イグレス距離の係数はマイナスとなっているた

表 4-6　コンテナ船モデルの判別率

輸送手段	2 群	3 群	データ件数
宅配便等混載	97.4%	97.8%	678
一車貸切		95.7%	161
コンテナ船	80.2%	74.8%	111

表 4-7　コンテナ船 3 群モデルの
グループ重心の位置

輸送手段	Z_1	Z_2
宅配便等混載	-2.631	-0.109
一車貸切	7.509	-1.545
コンテナ船	5.181	2.909

表 4-8　コンテナ船 3 群モデルの
標準化された係数

説明変数	Z_1	Z_2
アクセス距離	1.052	1.022
航路長	1.846	2.744
イグレス距離	-0.118	-0.144
所要時間	0.201	0.121
発着距離	-2.564	-2.917
ロット	0.042	0.244
農水産品	0.792	0.478
鉱産品	1.110	-0.409
金属機械工業品	0.943	0.405
軽工業品	0.409	0.044
雑工業品	-2.260	-0.092

め，アクセス距離や航路長は長くても，イグレス距離が短い航路，つまり着地に近い港湾を利用する航路であればコンテナ船が選択される傾向にあるといえる。

　次に，標準化された係数の関数 Z_2 を見てみると，アクセス距離，航路長，所要時間，ロット，農水産品，金属機械工業品，軽工業品の係数がプラスであることから，関数 Z_1 と同様にコンテナ船を選択する傾向にあることがわかる。つまり，コンテナ船の航路の出発港は貨物の出発地を広範囲に集荷できる港湾であり，到着港は貨物の到着地までの距離が短い航路を選択する傾向にあるといえる。

4.5.4　RORO船の選択行動の分析

　RORO船のデータは 7,572 件で，競合データは自家用トラックが 42 件，宅配便等混載が 2,499 件，一車貸切が 793 件，トレーラーが 102 件となっており，データ件数のばらつきが大きい（表 4-9 参照）。そこで，トラックと RORO船の 2 群の判別分析を行い，次にトラックのうちデータ件数の多い宅配便等混載を独立させて 3 群の判別分析を行う。このように，トラックのデータ件数の多い順番で独立させ，5 群の判別モデルまでを検討する。一般的にいわれるように，多群になるほど判別率が悪くなるため，ここでは，判別率が 60% 以上である 2 群のモデルを用いて選択行動の検討を行う。判別率の低さは，各輸送手段が競合状態にあることを意味し，施策の誘導があれば RORO船を選択させる可能性が高くなることを示唆している。

　この RORO船 2 群モデルのグループ重心の位置を表 4-10 に示すが，これにより群を識別することができる。すなわち，関数 Z_1 によってトラック（−）と RORO船（＋）に分けられる。標準化された係数の関数 Z_1 を見てみると，アクセス距離，イグレス距離，所要時間，発着距離，ロット，鉱産品，金属機械工業品，雑工業品の係数がプラスで RORO船を選択する傾向にあることがわかる（表 4-11）。

　標準化された係数の大きさを見ても大きな値を示しているものはなく，その

中で発着距離がやや大きいため，長距離輸送になるとRORO船が選択される
傾向といえる。また，航路長の係数は小さいがマイナスで陸路を選択される傾
向を持つため，RORO船へのモーダルシフトの可能性は，航路長を短くするこ
とにつながる方策により高くなる。つまり，航路長の短縮と同等の効果がある
と考えられる運賃の割引や航海時間の短縮を実現することでも，利用される傾
向が高くなると考えられる。

表4-9　RORO船モデルの判別率

輸送手段	2群	3群	4群	5群	データ件数
自家用トラック	68.9%	71.9%	－	100.0%	42
トレーラー			88.9%	38.2%	102
一車貸切			41.5%	49.7%	793
宅配便等混載		44.1%	49.7%	55.9%	2,499
RORO船	64.5%	60.0%	53.5%	38.3%	7,572

表4-10　RORO船2群モデルの
グループ重心の位置

輸送手段	Z_1
トラック	-0.635
RORO船	0.288

表4-11　RORO船2群モデルの
標準化された係数

説明変数	Z_1
アクセス距離	0.093
航路長	-0.091
イグレス距離	0.311
所要時間	0.503
発着距離	0.708
ロット	0.271
農水産品	-0.417
林産品	-0.004
鉱産品	0.039
金属機械工業品	0.101
化学工業品	-0.240
軽工業品	-0.332
雑工業品	0.025

4.5.5 フェリーの選択行動の分析

　フェリーのデータは 11 万 7,606 件で，競合データは宅配便等混載が 1 万
1,544 件，一車貸切が 2,219 件，トレーラーが 153 件となっており，かなりデー
タ件数のばらつきが大きい（表 4-12 参照）。まずは，これまでと同様にトラッ
クとフェリーの 2 群の判別分析を行い，次にトラックのうちデータ件数の多い
宅配便等混載を独立させて 3 群の判別分析を行う。最後に，トラックの 3 つの
輸送手段とフェリーの 4 群の判別モデルを検討する。4 群モデルでは，一車貸
切の判別率が悪いため，ここでは，判別率が 70% 以上である 3 群のモデルを
用いて，選択行動の検討を行う。

　このフェリー 3 群モデルのグループ重心の位置を表 4-13 に示すが，これに
より群を識別することができる。すなわち，関数 Z_1 によってトラック（−）
とフェリー（＋）に分けられる。標準化された係数の関数 Z_1 を見てみると，
航路長，ロットの係数はプラスで，トラックよりフェリーを選択する傾向にあ
る実態をよく反映しているモデルといえる（表 4-14）。

　そして，Z_2 を見ると，係数の値が大きいのはイグレス距離であり，イグレ
ス距離が長くなるとフェリーではなく宅配便等混載を選択する傾向にあるこ
とがわかる。これは，表 4-1 を見ると，フェリーのイグレス距離が長いという
データによって導き出されたと考えられる。次に係数の値が大きいのは航路長
であり，航路長が長ければフェリーを利用する傾向にある実態をよく反映して
いるといえる。

表 4-12　フェリーモデルの判別率

輸送手段	2 群	3 群	4 群	データ件数
トレーラー	88.8%	70.2%	81.7%	153
一車貸切			23.2%	2,219
宅配便等混載		96.8%	96.3%	11,544
フェリー	99.9%	98.7%	98.7%	117,606

表4-13　フェリー3群モデルの
グループ重心の位置

輸送手段	Z_1	Z_2
トレーラー・一車貸切	-10.631	-0.074
宅配便等混載	-0.078	3.723
フェリー	1.048	-0.068

表4-14　フェリー3群モデルの
標準化された係数

説明変数	Z_1	Z_2
アクセス距離	0.040	-0.089
航路長	0.194	-0.658
イグレス距離	-0.376	0.909
所要時間	-0.026	-0.088
発着距離	0.037	-0.119
ロット	0.947	0.265
農水産品	0.040	-0.048
林産品	0.000	0.053
鉱産品	-0.001	0.499
金属機械工業品	0.043	-0.113
化学工業品	0.013	0.030
軽工業品	-0.005	-0.048
雑工業品	0.026	-0.162
排出物	0.015	-0.034

4.6　まとめ

　本章の分析は，トラックと内航船の種別ごとに同じ市区町村を発着地点に持つトラックと内航船が競合した輸送に対し，判別分析においてその輸送機関を選択する要因について検証した。

　そのために，モーダルシフト先となる内航船の種別ごとに，その特徴を物流センサスデータを分析することによって明らかにした。

　そして，非集計の物流センサスデータを用いて，モーダルシフト先となるコンテナ船，RORO船とフェリーの3つの船種ごとに判別分析を行っている。

　その結果，コンテナ船とフェリーについては，多群においても高い判別率を得ることができた。しかし，RORO船においては陸路と海路という2群の判別でも，それほど高い判別率は得られていない。

　つまり，判別率の高いコンテナ船とフェリーはトラック輸送との棲み分けができており，モーダルシフトを推進するためには，内航船への補助金の支給やトラック輸送の規制といったインセンティブを付与する必要があるだろう。一方，RORO船とトラックの判別率は低く，これらは競争状態にある。トラックドライバーの不足や労働時間遵守がますます厳しくなると，RORO船の利用傾向が高くなる可能性があるといえよう。

　最後に，輸送機関を選択する要因としては，輸送コストや輸送時間が大きな影響を与えることは，田中（2003）や尹ら（2005）の先行研究で示されている。物流センサスデータの整備により，輸送時間については説明変数として取り入れることができたが，輸送費用については不完全データが散見されたため，説明変数として取り入れていないことが今後の課題として残っている。

第5章 RORO船とフェリーの棲み分け および競争

5.1 はじめに

　わが国におけるモーダルシフト政策は，比較的古くから見られた。谷利（1991）によれば，戦時体制下にあった 1930 年代後半には海運の輸送力が不足したため，海運から鉄道へのシフトが推進されたという[1]。また，戦後復興期の 1940 年代半ばには，逆に鉄道の輸送能力が不足したことから，鉄道から海運やトラックへのシフトが勧められ，さらに高度成長期の 1970 年代には国鉄の経営救済のために，トラックから鉄道へというシフト政策が実施されたという。

　このように，輸送モードのあり方は，その時代における各輸送機関の輸送能力や経営上の問題，さらには，環境問題などのような政策的な面から問われ続けてきた。しかし，ここにきて労働力不足から労働生産性が問われる時代に入り，労働者一人当たりの輸送能力から，トラック輸送を海運や鉄道にシフトすることが求められている[2]。

　モーダルシフトの受け皿となる対象船としては，トラックやトレーラーなどをそのまま自走で乗下船させることができる RORO 船やフェリーが適しているといわれてきた。一般貨物船やタンカーといった内航船では，1,000 トンを超える大ロットの鉄鋼や石油製品などが輸送されており，トラックやトレー

---

[1]　谷利（1991）p.112 を参照。
[2]　国土交通省（2017a）p.14 を参照。

ラーで陸送されている小ロットの雑貨を中心とした貨物とは大きく異なるため，陸送されている貨物を海上にシフトすることは容易ではない。しかし，この陸上から海上へのモーダルシフトに関する研究は，従前から多くの研究者が試みている。そこでは輸送距離，運賃，貨物の品目および出荷ロットなどが輸送機関選択に大きな影響を与えるとしているが，受け皿となる船舶については，RORO船とフェリーを一括で扱っているものが多い。

そこで，本章では陸上からのモーダルシフトを受け入れ易いとされてきたRORO船と長距離フェリーに注目し，この2つの船種がどのような関係にあるのか，すなわち従前の研究のようにRORO船とフェリーを一括で扱って良いものかという視点で，この2つの輸送機関の特徴などから見直し，これまでの輸送状況から見て海上輸送における棲み分けと競争について検討を行い，今後のモーダルシフトの受け皿としての課題を整理することを目的とする。

5.2 過去の研究事例

フェリーに関する研究成果は，比較的多く見られる。たとえば，國領（1993）や新納（1994），床井（1993），さらには荒谷（2014）などがある。しかし，RORO船とフェリーを比較する視点は見られない。

また，物流センサスデータを使い，定量的な分析を行ったものとしては，田中ら（2003），尹仙美ら（2005），さらには松尾ら（2007）などがある。しかし，RORO船については分析されていない。なお，加藤ら（2017）はフェリーや他の輸送機関を対象とした分析を試みているが，RORO船に関しては，その特徴が記されるに留まっている。

他方，RORO船に関する研究は極めて少ない。その中で松尾ら（2005）はRORO船も含めた輸送機関の選択問題について，判別モデルを用いて考察している。ここではフェリーとRORO船利用には若干の違いがあり，競争関係が見られる内容が示されている。輸送機関の棲み分けと競争をテーマとしたものとしては，宮下（1994）がある。ここでは空運と海運の輸送量を示す時系列

データを用いて回帰分析を行い，棲み分けと競争について考察を試みている。

　本章の内容に最も近いのは，松尾ら（2012）の研究であろう。ここでは物流センサスデータを使って，RORO船と中長距離フェリーにおける輸送の棲み分けと競争について，正準判別モデルを用いて検討している。説明変数として輸送距離，出荷ロット，品目を用いて分析を行い，RORO船の市場は紙などの特定品目の長距離輸送にあり，トレーラーの利用が多いことを指摘している。一方，フェリーはRORO船より短い距離にその市場があり，営業用トラックの利用が多いことから，RORO船とフェリーでは棲み分けができていると指摘している。

　そこで，本章ではこの松尾ら（2012）をもとに，それ以降の両輸送機関を取り巻く環境の変化と最近のモーダルシフトを巡る状況について触れ，両輸送機関の棲み分けと競争関係が如何に変化してきているかについて考察するとともに，陸上貨物輸送の受け皿としての課題を整理する。

5.3　船舶の特徴から見た市場の棲み分けと競争

5.3.1　適用される法と市場の棲み分け

　まず，RORO船とフェリーを検討する場合，適用される法律が異なる点に注意しなければならない[*3]。

　フェリーは海上運送法のもとで運航されており，RORO船は内航海運業法の適用を受ける。池田（2012）によれば，フェリーは「内航海運のもつ欠点の克服」を目指したものとして誕生したという[*4]。すなわち，内航船においては在来貨物の荷役時間が長く，また荷物の破損や盗難の危険性を持っているのに対して，フェリーは自走による荷役となり，港湾荷役をドラスティックに変革したという。さらに，内航船の荷役は港湾運送事業者が行うこととなっており，

[*3]　鈴木ら（2007）p.18 を参照。
[*4]　池田（2012）p.60 を参照。

港湾荷役の改革は自力ではでき難いが，フェリーであれば自力で改革を推し進めることができるとして，阪九フェリーの創始者である入谷氏の言葉を紹介している。すなわち，内航海運業法の適用を受ける RORO 船は，たとえ貨物が自走貨物であっても，その荷役は沿岸荷役および船内荷役となるため，港湾運送事業者の手によって行われなければならない。それに対して，海上運送法の適用を受けるフェリーは，港湾運送事業法の適用を受けないため，フェリーへの乗下船は陸送の運送業者自らが行い，船内での移動防止のための作業などはフェリーの乗組員が行っているという違いがある[5]。そのために，フェリーはRORO 船より船員数が多くなる傾向にある。

以上の違いは，松尾ら（2005）によれば，入港時刻や出港時刻の違いにも表れているという。出荷場所（以下，「発地」とする）からの出荷時刻の違いを，利用する輸送機関別に見ると，フェリー利用の場合，発地からの貨物の出荷時刻は 16 〜 18 時頃が一番多い（図 5-1 参照）。このフェリー利用については，発地から発港湾までの平均距離が 107km 程度であるので，陸送の平均速度を 30km/h とすれば発港湾に着くのは 19 〜 21 時頃となる（表 5-1 参照）。さらに荷役の時間などを勘案すれば，フェリーの出港時刻は深夜となる。これは，フェリーの荷役はフェリーの船員のみで対応できるという特徴を活かしたものといえる。ただし，複数港寄港する場合は，途中の寄港地では昼間の入出港となる場合も多い。加えて，平均航路長が 540km 程度で，また着港湾から着地までの平均距離が 120km 程度であるので，フェリーの速力を 20 〜 25 ノット程度と考えれば，陸送を含めた発地から着地までの全輸送時間は 24 時間程度と考えられる。

一方，RORO 船利用の貨物は 13 〜 15 時頃に集中して出荷されている。RORO 船を利用する場合，発地から発港までの平均距離は約 64km であるため，時速 30km/h で計算すれば 2 時間程度の陸送時間となる。したがって，荷役時間を加えても夕方には出港することができると考えられる。このように，

---

[5] 港湾運送事業法第 2 条第 3 項による。

RORO船では港湾運送事業者による荷役が求められるため，夜間荷役となれば割増料金の関係もあり，入出港の時間帯に制約を受けることになる。このことはフェリーと大きく異なる点であるが，最近はこの違いが曖昧となってきている。この点は後述する。

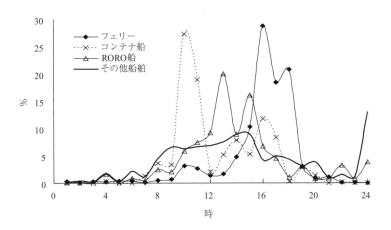

図5-1　輸送機関別の出荷時刻

（出所：松尾ら（2005）p.78）

注）出荷件数を割合にしている。

表5-1　輸送機関別の発着間の平均距離（単位：km）

輸送機関	発地〜発港	航路長	着港〜着地	合計距離
フェリー	107.0	543.4	120.6	771.0
RORO船	63.8	909.0	69.6	1,042.4
コンテナ船	50.1	930.1	49.3	1,029.5
その他船舶	37.6	545.9	52.9	636.4

（出所：松尾ら（2005）p.78）

5.3.2 貨物フェリーが示した課題

さて，前述したようにRORO船とフェリーでは適用される法律が違うため事業形態が異なるが，過去にRORO船によく似た形態で運航することが許されたフェリーがあった。

1965年に，貨物定期航路事業のうち，自動車航送を行うものを自動車航送貨物定期航路事業として，新たな事業である「貨物フェリー」が海上運送法に設けられた。すなわち，RORO船と同じように旅客定員は13人未満のフェリーである。一見すればRORO船と同じであるが，海上運送法の適用であり，内航海運業法の扱いではなかった。したがって，RORO船と真っ向から競争することとなり，また港湾荷役にも港湾運送事業者を使わなくて良いといった柔軟性を持ち，メリットの大きな船種であった。しかし，RORO船が内航船として船腹調整事業の対象となっていた状況の中で，船腹調整事業の対象とならない貨物フェリーが市場に参入することから，船腹調整事業の効果に大きな影響があるとして内航海運業者から批判を受け，1983年以降は300km以上の航路を持つ貨物フェリーの開設や増便は凍結された[*6]。さらに，1999年の海上運送法の一部改正に伴ってこの事業類型は廃止となり，貨物フェリーはRORO船の枠に入った[*7]。

以上のように見ると，フェリーには旅客対応に負担があり，また，RORO船には港湾運送事業者との対応に柔軟性を欠く点があることから，貨物フェリーは「良いとこ取り」の輸送機関であったといえよう。しかし，RORO船とフェリーの両事業に対して混乱を招いたことから廃止となり，両船の棲み分けは明確となった。ただし，ここ最近はフェリーがRORO船に近い営業活動を行って，ベースカーゴを掴もうとする動きがある一方，RORO船もベースカーゴの輸送量減少に伴い，フェリーのようなコモン・キャリア的な運航も見られ，雑貨輸

[*6] 内航海運対策研究会（1996）p.235 および新納（1994）p.124 を参照。

[*7] 「海上運送事業に関する行政監察の勧告に伴う改善措置状況の概要」（https://www.soumu.go.jp/main_sosiki/hyouka/kaizyo.htm）を参照。

送にも手を出す営業が見られるようになった[*8]。この点については，5.4 節で詳述する。

5.3.3　有人航送と無人航送の違いによる航路等の特徴

　わが国で最初のカーフェリーは，1934 年に北九州の若松と戸畑を結ぶ，わずか 400 m の航路であった[*9]。現在でも 100 km 未満の航路長で運航している短距離フェリーは，橋の代わりとなる「渡し船」としての役割が中心となっている。したがって，このような短距離フェリーの場合は，車両とともにドライバーが乗船する形となっている。これに対して，長距離フェリーではドライバーが乗らない利用形態も見られる。

　わが国において，航路長が 300 km を超える最初の長距離フェリーは，1968 年に神戸～小倉を結んだ阪九フェリーであった[*10]。この航路は，当時，陸上の交通量の増加に対応できない道路事情を背景とし，「海のハイウェイ」と称された[*11]。このような長距離の利用でも，フェリーを使うことで港湾荷役時間が大幅に短縮でき，ドア・ツー・ドアが求められるトラック輸送には好都合であったという[*12]。しかし，2 度のオイルショックにより燃料代が大幅に上がったことや日本経済の減速による輸送需要の減少により，長距離フェリー業界は再編が進み，航路は大幅に減少した。

　その後，わが国の経済が 2 度のオイルショックから立ち直りを見せる頃からトラック輸送は活発となり，長距離フェリーの需要も再び高まった。池田（1996）によれば，この当時にフェリーによるトラックの無人航送が脚光を浴

[*8]　RORO 船の運航を行っている栗林商船は，日本通運と 2015 年 7 月 2 日より大阪～東京～北海道間航路において新たな提携を結んだ。ここでは，5 トンに満たない小口貨物も取り扱うサービスが開始された。（https://www.nittsu.co.jp/press/2015/20150702-1.html）

[*9]　池田（1996）p.79 を参照。

[*10]　池田（1996）p.95 を参照。

[*11]　株式会社 SHK ライン（2018）p.84 を参照。その他に「海のバイパス」といわれた航路もあった。

[*12]　池田（1996）p.96 を参照。

びたという[13]。そこで，長距離フェリーにおけるトラック無人車航送率を見る
と，1976 年では台数ベースで 45.0％であったものが，1984 年には 58.3％まで
高まっている[14]（表 5-2 参照）。

　現状の有人トラック利用については，加藤ら（2017）から見ることができる。
すなわち，配送先や配送方法，帰り荷の事情などから，ドライバーが車両ととも
もに乗船するのは 10 トントラックが多く，トラック航送台数の内，南九州発
の上り便で 6 割，北海道・東北間の上り便で 4 割以上に及び，旅客定員の多い
フェリーだから可能という[15]。

　以上のように，現状においてもフェリーでは有人トラックの利用が多い航路

表 5-2　長距離フェリーにおけるトラック無人車航送率の推移（％）

年　度	1976	1977	1978	1979	1980	1981	1982	1983	1984
台　数	45.0	45.4	48.7	51.9	53.7	53.5	56.3	56.8	58.3
台キロ	54.4	55.7	59.0	62.6	63.8	63.8	66.3	66.8	67.9

（出所：運輸省『昭和 60 年度 運輸白書』参考資料）

が存在するが，高速道路利用の陸送と比較すればフェリー利用は遅くなる。し
たがって，航路長が長くなると貨物輸送全体の時間に課題を抱えることとなる
ため，有人トラックの場合は，航路長は比較的短く，高速道路を利用した陸送
によって総輸送時間を短縮することが求められる。ただし，近年ではフェリー
の航路長を決定するものとして，トラックドライバーの休息時間が関係してきた。

---

[13]　池田（1996）p.103 を参照。なお，辰巳（2017）p.32 によれば，阪九フェリーによる最
　　初の長距離フェリーでヘッドレスシャーシの無人航送が開始されたという。
[14]　江原（1999）p.483 では無人航送の利用率をトン数ベースで推計しているが，1980 年頃
　　のフェリーによるトレーラーの無人航送率は 0.1 〜 0.2％という数値を出している。台
　　数ベースとトン数ベースの違いがあるが，この江原（1999）の数値は過小のように思わ
　　れる。
[15]　加藤ら（2017）p.5 を参照。

　トラックドライバーの休息時間は，労働大臣が告示する「改善基準告示」[16]により，連続で 8 時間以上と決められている。したがって，フェリーの乗船時間が 8 時間を超えれば，この改善基準を満たすことになるため都合が良い。そのためには，20 ノットのフェリーであれば 160 海里（約 300km）以上，25 ノットでは 200 海里（約 370km）以上の航路長が必要となる。北海道航路において主要航路となる苫小牧港〜八戸港は 240km とやや短いが，2018 年 6 月に新設された室蘭港〜宮古港は 340km と，ドライバーの連続休息時間を満足する航路長となっている。

　一方，RORO船は旅客定員が 13 人未満と限られているため，無人航送が多い。多くはヘッドレスのトレーラーを用いた貨物輸送で利用されている。また，有人トラックであれば高速輸送を求めるが，RORO船の速力はフェリーより遅く，また途中で寄港することも多いため，RORO船の利用者は最初からフェリーほどの高速性を求めない。したがって，RORO船の航路長はフェリーより長く（表 5-1 参照），航海時間もフェリーに比べてかなり長い（表 5-3 参照）。たとえば，北海道〜関東間輸送の場合，フェリーでは上述したように苫小牧港〜八戸港，室蘭港〜宮古港，長いものでは苫小牧港〜大洗港（754km）の航路となるが，RORO船では苫小牧港〜東京港（1,075km）と航路長は長くなる。

---

[16]　正式には「自動車運転者の労働時間等の改善のための基準」という。

表 5-3　RORO船および中長距離フェリーの発時刻・着時刻

船　種	会社名	発港・発時	着港・着時	航海時間	便／週
RORO船	栗林商船	苫小牧 (11:30)	東　京 (18:00)	30.5	1 〜 2
		苫小牧 (18:00)	東　京 (07:30)	61.5	
		苫小牧 (20:00)	東　京 (08:00)	36	
		苫小牧 (18:00)	大　阪 (10:00)	88	
		苫小牧 (20:00)	大　阪 (08:00)	84	
		苫小牧 (18:00)	名古屋 (08:00)	86	1
		苫小牧 (20:00)	清　水 (08:00)	60	
		釧　路 (16:00)	東　京 (07:00)	39	1 〜 2
			名古屋 (08:00)	64	
			大　阪 (10:00)	66	
	川崎近海	釧　路 (18:00)	日　立 (14:00)	20	7
		苫小牧 (23:45)	常陸那珂 (19:30)	19	12
		苫小牧 (25:30)	常陸那珂 (21:45)	22.3	
		清　水 (23:00)	大　分 (19:00)	20	7
	近海郵船	苫小牧 (23:45)	常陸那珂 (19:30)	19.7	12
		苫小牧 (25:30)	常陸那珂 (21:45)	22.2	
		苫小牧 (20:30)	敦　賀 (21:00)	24.5	6
		東　京 (19:00)	大　阪 (16:00)	21	3
			那　覇 (07:00)	60	
	商船三井 フェリー	東　京 (21:00)	博　多 (06:00)	33	7
フェリー	商船三井 フェリー	苫小牧 (18:45)	大　洗 (14:00)	19.3	12
		苫小牧 (01:32)	大　洗 (19:30)	18	
	川崎近海	苫小牧 (21:15)	八　戸 (04:45)	7.5	28

フェリー	川崎近海	苫小牧 (23:59)	八 戸 (07:30)	7.5	28	
		苫小牧 (05:00)	八 戸 (13:30)	8.5		
		苫小牧 (09:30)	八 戸 (18:00)	8.5		
		室 蘭 (20:50)	宮 古 (07:55)	11.5	7	
	新日本海 フェリー	苫小牧 (19:30)	秋 田 (07:35)	14.5	31	
		苫小牧 (19:30)	敦 賀 (05:30)	34	20	
		小 樽 (17:00)	新 潟 (09:15)	16.3	18	
		小 樽 (23:30)	舞 鶴 (21:15)	21.8	20	
		新 潟 (16:30)	敦 賀 (05:30)	13	31	
		秋 田 (08:35)		20.9		
	太平洋 フェリー	苫小牧 (19:00)	仙 台 (10:00)	15	7	
		仙 台 (12:50)	名古屋 (10:30)	21.7		
	名門大洋 フェリー	大 阪 (17:00)	新門司 (05:30)	12.5	14	
		大 阪 (19:50)	新門司 (08:30)	12.7		
	阪九 フェリー	泉大津 (17:30)	新門司 (06:00)	12.5	7	
		神 戸 (18:30)	新門司 (07:00)	12.5		
	フェリー さんふらわあ	大 阪 (17:55)	志布志 (08:55)	15	7	
		大 阪 (19:05)	別 府 (06:55)	11.8		
		神 戸 (19:00)	大 分 (06:20)	11.3		
	オーシャン トランス (東九フェリー)	東 京 (19:30)	北九州 (05:40)	10.2	7	
			徳 島 (13:20)	17.8		
		徳 島 (14:20)	北九州 (05:40)	15.4		
	四国開発 フェリー (オレンジフェ リー)	神 戸 (01:20)	神 戸 (01:20)	7	7	
		大 阪 (22:00)	東 予 (06:00)	8		

（出所：各社の HP をもとに作成）

5.3.4 航路から見た棲み分けと競争

　航路による棲み分けを見ると，関東～関西間では RORO 船の航路は見られるが，フェリー航路はない。また，関西～九州間の瀬戸内航路についてはフェリーが中心となっている[*17]。

　一方，競争関係にあるのは苫小牧港～茨城港[*18] の航路で，この航路では RORO 船とフェリーが重なっている。また，日本海側で苫小牧港～敦賀港，太平洋側では苫小牧港～名古屋港が重なっており，東京～九州間の航路もほぼ重なっている[*19]。

　また，前述したように RORO 船とフェリーを利用する場合，出荷時刻の違いや航路長の違いなどで RORO 船とフェリーは棲み分けができていた。しかし近年は，RORO 船も物流業者による集配時間を考慮してか，表 5-3 に示すように遅い時間の入出港も多く見られるようになり，フェリーとの違いが薄れてきている。ただし，週当たりの便数を見れば，RORO 船は週 1 便という場合もあり，フェリーの週 7 便以上とは大きく異なっている。

　他方，フェリーも旅客利用を考慮してか，深夜発・早朝着のスケジュールから明るい時間の入出港が見られるようになってきた。ただし，複数港寄港する航路では，従来から昼間の入出港は見られた。たとえば，敦賀港～新潟港～苫小牧港の航路では，新潟港の入出港は昼間となる。また，名古屋港～仙台港～苫小牧港の場合は，仙台港が昼間となっている。

5.4　市場を巡る環境変化と競争関係

5.4.1　隻数および輸送量の変化

　ここで RORO 船とフェリーの隻数の推移を見てみよう。長距離フェリー協

[*17]　大王海運が RORO 船で堺泉北～宇野～三島川之江を結んでいる航路がある。
[*18]　茨城港としたが，RORO 船は日立港や常陸那珂港を，フェリーは大洗港を利用している。
[*19]　RORO 船は東京港～博多港，フェリーは東京港～北九州港と若干の違いがある。

会の資料によれば，1995 年に 55 隻であったが，その後徐々に減少し，2015 年
には 35 隻となった（図 5-2 参照）。一方，RORO船の隻数は 1995 年に 47 隻で
あったが，その後は徐々に増加し，2004 年には 72 隻となった。しかし，近年
は 70 隻前後と横ばいとなっている。

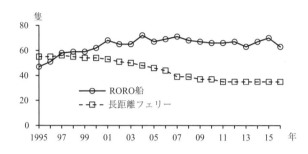

図 5-2　RORO船と長距離フェリーの隻数の推移

（出所：内航ジャーナル『内航海運データ集（2017 年版）』をもとに作成）

　このような中で，物流センサス 3 日間調査によれば，フェリー輸送[20] は
2000 年調査では 22 万 0,197 トンあったが，その後隻数が減少するとともに輸
送量も減少し，2015 年の調査では 14 万 6,655 トンとなった[21]（図 5-3 参照）。
ちなみに，2015 年の物流センサス 3 日間調査によれば，長距離フェリーは 11 万
4,188 トンを輸送している（表 5-4 参照）。

　一方，2000 年の RORO船の輸送量は，フェリー輸送量の 15.2% にあたる 3 万
3,369 トンとわずかであったが，その後は隻数の増加とともに輸送量も増え，
2015 年にはフェリー輸送の 59.7% にもあたる 8 万 7,579 トンとなり，2000 年
の 2.6 倍の輸送量となった。しかし，隻数で多い RORO船の方が長距離フェ
リーより輸送量が少ない点は，便数の違いによるものである。表 5-3 に見るよ

---

[20]　長距離フェリーだけではないので図 5-2 とは連動しない。

[21]　物流センサスの輸送機関は「代表輸送機関」であり，貨物輸送の発地と着地の間にお
　　　いて，最も長距離輸送を担った機関を「代表」としている。したがって，フェリーや
　　　RORO船は比較的長距離輸送を担ったものと考えられる。

うに，週当たりの便数は圧倒的にフェリーの方が多いため，輸送量は RORO
船より多くなっている[22]。

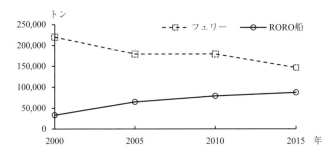

図5-3　物流センサスから見た貨物輸送量の変化
（出所：各調査年の物流センサス3日間調査データをもとに作成）
注）フェリーは長距離フェリーに限らず「代表輸送機関」として記載されたもの。

表5-4　RORO船とフェリーの航路長別輸送量（単位：トン）

船　種	100km ～ 300km 未満	300km 以上
RORO船	253	84,932
フェリー	18,278	114,188

（出所：2015年物流センサス3日間調査データをもとに作成）

---

[22]　フェリーは定期航路事業であり，旅客やトラックなどの利用量の多寡に関わりなく運航
　　することが求められ，かつ高速輸送の利用者が多いために，便数が多くなっている。一
　　方，RORO船は貨物船の性格が強く，フェリーほどの高速性は求められていないので，
　　積載率を上げるために週1便といったサービスも多く，船舶運航の「稼働率」という面
　　では，フェリーに比較して悪いものとなっている。

5.4.2　品類品目別輸送量の変化から見たRORO船の課題

　ここで，RORO船とフェリーが，どのような貨物を輸送してきたかを見てみよう。

　物流センサス 3 日間調査によれば，2000 年の RORO船の主力品類は，軽工業品（53.4%）であった（図 5-4 参照）。この軽工業品の中の主要な品目は紙で，軽工業品（1 万 7,807 トン）に占める紙の割合は 87.6% であった。この紙が，いわゆる RORO船のベースカーゴであったといえよう。次に多かったのは，金属機械工業品（26.2%）であった。この中で自動車と自動車部品の 2 品目が 37.5% を占め，RORO船の特徴的な貨物であった。しかし，2015 年の調査によれば，紙を中心とする軽工業品の割合が 38.6% と大きく減少し，金属機械工業品と化学工業品の割合が増え，全体としてはフェリーの構成に近い形となった。それでは，実際の輸送量の変化を見てみよう。

　まず，RORO船で大きく輸送量が増加した品類は，自動車および自動車部品を中心とした金属機械工業品であった（図 5-5 参照）。フェリーではやや減少したのに対して，RORO船による輸送量は 2000 年に 8,731 トンであったのが

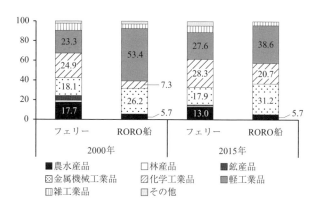

図 5-4　RORO船とフェリーの品類別輸送割合

（出所：各調査年の物流センサス 3 日間調査データをもとに作成）

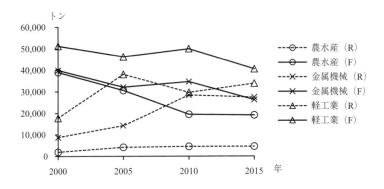

図 5-5 RORO船とフェリーの品類別輸送量の比較
（出所：各調査年の物流センサス 3 日間調査データをもとに作成）
注）凡例の（R）は RORO船を，（F）はフェリーを指す。

2015 年に 2 万 7,353 トンまで増加し，2015 年ではわずかではあるがフェリー
（2 万 6,225 トン）を上回る量となった。このように，2000 年当時は RORO船
のベースカーゴは紙を中心とする軽工業品であったが，2015 年には金属機械
工業品もベースカーゴに加わったといえる。なお，紙を中心とした軽工業品も
2000 年には 1 万 7,807 トンであったが，2015 年には 3 万 3,801 トンと倍増して
いる[23]。

　一方，フェリーによる輸送量の変化を見ると，農水産品が大きく減少した。
2000 年の調査では 3 万 8,978 トンであったが，2015 年では 1 万 9,121 トンと半
減している。これは全輸送機関による農水産品全体の輸送量（約 111 万トン）
に変化がなかったものの，フェリーが多く運んでいた野菜・果物と水産品の輸
送量が大きく減少したためである。この野菜・果物および水産品の輸送量の減
少は，フェリーだけのものではなく，全輸送機関においても減少した[24]。

---

[23]　紙だけを見ても 1 万 5,594 トンから 2 万 7,430 トンと増加した。
[24]　全輸送機関による野菜・果物の輸送量は 31 万 8,568 トンから 21 万 8,506 トンへ，また
　　　水産品は 20 万 1,609 トンから 17 万 2,996 トンへ減少した。ちなみに，RORO船の農水
　　　産品輸送は 1,911 トンから 4,493 トンと増えた。

　今後の課題は，RORO船の場合，輸送構成がフェリーと似通ったことによって，棲み分けから競争に変化したことへの対応であろう。すなわち，2大ベースカーゴの一つである紙を中心とした軽工業品が今後も伸びるかという点がまず心配される。紙需要は年々減少しており，紙輸送に頼ることは難しいと判断される（図5-6参照）。1990年を100として指数化すると，大きく減少したのは新聞用紙で，2017年には77.6まで減少した（図5-7参照）。一見すると大きく伸びている衛生用紙はトン数が少なく，その寄与率は低いものといえよう。

　また，紙と並んでRORO船のベースカーゴである金属機械工業品について見ると，自動車の海外生産量の増加の中で国内生産量が横ばいとなっていることを見れば，紙と同様にこちらの輸送も今後は心配される（図5-8参照）。今後は，モーダルシフトの進展により，トラックやトレーラーそのものを乗せ，それらに乗っている雑貨輸送を進展させるべきであろう[25]。

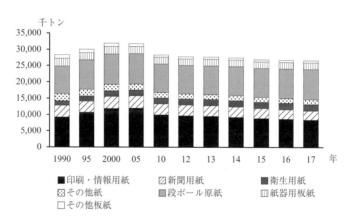

図 5-6　紙の需要量の推移

（出所：日本製紙連合会 HP（https://www.jpa.gr.jp/states/paper/index.html）をもとに作成）

---

[25]　脚注 8 で述べたように，RORO船においても小口貨物の取り扱いサービスが始まっている。

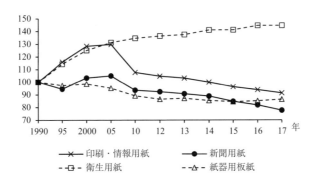

図5-7　紙の需要量の推移（2000年 = 100）

（出所：日本製紙連合会 HP（https://www.jpa.gr.jp/states/paper/index.html）をもとに作成）

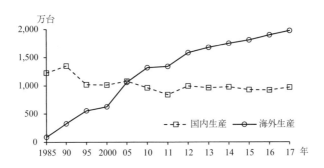

図5-8　自動車の国内・海外生産台数の推移

（出所：日本自動車工業会「日本の自動車工業 2019」をもとに作成）

5.4.3　新航路の開設と船舶の大型化の動き

　ここ数年，トラック輸送のドライバー不足が問題化したことから，RORO船やフェリーへのモーダルシフトが加速している。そのため，新たな航路の開設と船舶のリプレースに合わせた大型化が進んでいる。たとえば，RORO船では

2016年10月より清水港～大分港（412海里，20時間）に新たな航路（週3便）が設けられ，2018年3月からはデイリー輸送となった。これは関東や甲信越から静岡県まで高速道路などを利用して陸送されたトレーラーを，清水港からRORO船による無人航送とし，切り離したトラクターヘッドで九州からのトレーラーを陸送で持ち帰るという利用形態を図った航路開設であったと思われる[26]。さらに，2019年4月から13年ぶりに敦賀港～博多港の航路が復活した[27]。これは既存の敦賀港～苫小牧港の航路と結ぶことで，九州～北海道の輸送も海上にシフトすることを図っている。

　一方，フェリーも2021年からは横須賀港～北九州港を結ぶ新航路開設の予定があるという[28]。これは東京湾内では，船舶は12ノットの速力制限を受けることから，横須賀港を使用するものという。

　大型化については，2015年1月から9月にかけて，8,000総トンクラスのRORO船3隻が1万3,000総トンに大型化されたが，平均船型について2000年と2018年を比較すると，RORO船は5,991総トンから9,123総トンと1.5倍ともなる大型化が行われ，フェリーの船型に近づいていると見られる（表5-5参照）。一方，フェリーも1万1,116総トンから1万2,031総トンと若干ではあるが大型化されている。

　なお，長距離フェリーが登場した当時は，旅客運賃が安いという点も魅力とされた。特に，大広間のような船室に雑魚寝で利用する場合，運賃は安価となり，修学旅行などの団体客の利用も多かった。しかし，最近はLCC（Low Cost Carrier：低費用航空）の登場で，決してフェリーが安価な移動手段とはなっていない（表5-6参照）。このような背景から，クルーズ客船のような個

---

[26]　川崎近海汽船による航路新開設のパンフレットを参照。なお，同社は清水港～常陸那珂港～苫小牧港の航路もあり，九州～北海道を結ぶPRも行っている。
（https://www.kawakin.co.jp/news/detail/565ce4fb-f210-4939-8477-4bcb0a013c84）

[27]　近海郵船のHPを参照。（http://www.kyk.co.jp/news/news-1512/）

[28]　日本経済新聞2018年12月18日付。新日本海フェリーや阪九フェリーを傘下とするSHKライングループが，新会社を設立し，2隻体制で週6便，20時間30分の航路を開設する予定という。（https://www.nikkei.com/article/DGXMZO39103770Y8A211C1L82000/）

室ばかりの豪華フェリーも登場している[*29]。したがって，今後のフェリー輸送は，クルーズフェリーとして旅客輸送に注力するのか，あるいはRORO船のような貨物輸送に注力するのかといった，二極化の方向に向かうのではないかと思われる[*30]。

表5-5　RORO船とフェリーの大型化

諸　元	RORO船		フェリー	
	2000 年	2018 年見込	2000 年	2018 年見込
総トン数（GT）	5,991	9,123	11,116	12,031
全　長（m）	140	155	166	177
全　幅（m）	21.1	24.0	24.4	25.3
喫　水（m）	6.3	6.5	6.2	6.5
最大船速（ノット）	20.2	21.4	23.0	23.6
シャーシ積載台数	72	130	132	140
乗用車積載台数	162	185	89	87

（出所：国土交通省（2017b））

注）本表では「シャーシ」としているが，本文で用いている「トレーラー」と同意語である。

[*29] 四国開発フェリー（オレンジフェリー）は，完全個室のフェリーを2018年8月に就航させた。同様に，フェリーさんふらわあなどの新たに就航したフェリーでも個室を多くし，ペットとともに乗船できるサービスなども提供している。また，レストランではバイキング形式のものが多いが，新日本海フェリーなどはテーブルまで食事を運ぶグリル形式を採用し，クルーズ客船のようなサービスを提供している。

[*30] 商船三井フェリーの苫小牧港〜大洗港に見られるように，旅客輸送向けの「夕方便」と貨物輸送向けの「深夜便」という分け方も見られる。なお，SHKライン（2018）p.79によれば，日本で最初に長距離カーフェリーを運航させた阪九フェリーは，「乗用車や旅客については，あまり当てにしていなかった。あくまでもベースは貨物で採算を取って，乗用車や旅客については，その分の上乗せという考え方だった」とあり，昔のフェリー事業は貨物輸送が収入源という考え方であったことがわかる。また，豪華フェリーが注目される中，東京港〜徳島港〜北九州港を結ぶオーシャントランスのフェリーのように，レストランを廃止して自動販売機で対応するような割り切りも見られる。なお，同社は2019年5月に初のRORO船を竣工予定という（内航ジャーナル「メールニュース」No.1365，2019年2月22日付）。

表 5-6　東京〜札幌間の輸送機関別輸送時間と運賃比較

輸送機関	早い場合	安い場合
フェリー	フェリー＆自動車（青森〜函館） 15 時間 40 分 37,610 円〜	フェリー＆バス（大洗〜苫小牧） 25 時間 45 分 9,900 円〜
鉄　道	新幹線 + JR 特急 7 時間 44 分 26,820 円〜	青春 18 きっぷ(一部北海道新幹線) 38 時間 30 分 7,040 円〜
飛行機	JAL, ANA（羽田〜千歳） 3 時間 30 分 39,207 円〜	LCC（成田〜新千歳） 5 時間 7,679 円〜

（出所：日本経済新聞「Data Discovery」（2016 年 1 月 18 日）をもとに作成）

5.5　まとめ

　本章では，モーダルシフトの受け皿として最適な RORO船とフェリーを取り上げ，その 2 つの輸送機関の関係を整理し，モーダルシフトの視点で今後の課題を考察した。特に，棲み分けと競争という視点で，ここ約 20 年の変化について見てきた。

　総じていえば，昔は RORO船とフェリーは棲み分けが行われていたが，最近では徐々に似通った輸送を担うようになっており，競争関係が強くなったといえる。そのため，モーダルシフトを受け入れるという視点から見れば，排他的な競争ではなく，より多くの貨物を海上に受け入れるための協調した運航が求められるといえよう。

　本章をまとめれば，以下のようになる。

① 　RORO船はフェリーに比較して，やや長距離の輸送を担当しており，速力もフェリーより遅い。また，港湾における荷役は，港湾運送事業者の手によらなければならないので，2000 年当時は昼間の入港・出港が多かったが，ここにきて深夜の出港も見られるようになり，フェリーとの違いが薄くなっ

てきている。

②　フェリーが航路数や隻数を減らしているのに対して，RORO船は70隻前後で推移しており，モーダルシフトの受け皿としては，その容量がフェリーより大きいといえよう。

③　2000年当時，RORO船はインダストリアル・キャリアーの性格が強く，紙を中心とした軽工業品がベースカーゴとなっていたが，最近は金属機械工業品や化学工業品の輸送も多くなり，輸送品類の構成割合はフェリーに近いものになってきた。

④　RORO船のベースカーゴである紙を中心とした軽工業品の需要量は減少傾向にあり，また自動車や自動車部品を中心とした金属機械工業品も頭打ちが考えられるところから，今後はコモン・キャリア的な営業にも注力し，小ロット貨物を取り込むことが，モーダルシフトを促進させるには都合が良いと考えられる。

⑤　長距離フェリーの旅客輸送では，LCCとの競争もあり，単に安く移動するという点での魅力は薄くなっている。そのため，モーダルシフトの追い風を利用して，貨物輸送を取り込むことが重要となり，安定的なベースカーゴの確保を進めていることから，RORO船との競争関係が強くなっている。

第6章 海外のモーダルシフト政策
～EUの事例～

6.1 はじめに

　1980年代に石油消費抑制を目的として政策目標に掲げられたモーダルシフトは，その後，気候変動枠組条約の京都議定書批准によって二酸化炭素排出量削減が主目的となり，現代ではトラックドライバー不足への対策が主目的となりつつある。これまで政府が中心となって各種補助金制度による財政面の支援やエコレールマーク，エコシップマークの導入による啓蒙活動が進められ，ある一定の成果は上がっているものの，主目的達成にはまだ遠い。

　これまでモーダルシフトに関する研究は数多く，モデル分析により政策や業界の取り組みの効果を定量的に推計する研究も多い。各荷主がそれぞれ最も適切だと考える輸送機関を選択するという状況を想定した輸送機関選択モデルを構築し，過去のデータからモデルの特定を行うことにより，将来の状況等の仮想的な状況に対応した輸送機関分担率を推計することができる。ロジットモデルや犠牲量モデルが有名であり，実務にも広く応用されている。輸送機関選択モデルはモーダルシフト関連政策のみならず，輸送インフラ整備によるコスト削減や新規航路就航による新たな選択肢の登場など，荷主の輸送機関選択に影響を及ぼすさまざまな状況変化を分析対象とすることができるため，豊富な研究蓄積がある。輸送機関選択モデルは数多く提案されているが，いずれにも共通する点は，荷主が輸送機関選択を行う際に重視している要因を特定していることである。これは，裏返せば荷主の輸送機関選択の際にあまり重要でない要因をモデル分析において無視しているということでもある。

　筆者が取り組んできたものも含めて，これまでの輸送機関選択モデルに関す

る研究を概観してみると，多くの研究成果に共通する重要な輸送機関選択要因として，「運賃料金」，「所要時間」が挙げられる。それらの代理変数である「輸送距離」も含めて，これらが全く考慮されないモデルはないと断言して良いほどである。さらに推計精度を高めるため各研究者が工夫をし，「サービス頻度」，「運航スケジュール」，「貨物価値」，「ロットサイズ」などさまざまな要因が考慮され，それらを列挙するだけで紙幅が尽きるほどである。しかしながら，モデル分析により，二酸化炭素排出量などの環境負荷が荷主の輸送機関選択において重要な要因であると結論づけた研究はない。炭素税導入を想定するなど環境負荷と荷主の負担金額を結びつけて間接的に環境負荷を要因として考慮したものはあるものの，荷主が自発的に環境負荷の小さい輸送機関を選択していることを表現した研究はない。輸送機関選択モデルに関する研究結果だけから判断すると，環境負荷は荷主の輸送機関選択にとって重要な要因ではない。多くの当事者の実感とおそらく一致するであろう結論がモデル分析の研究からも得られていることは，政策や業界の取り組み検討に際しての重要な知見である。

　運賃や料金等の荷主にとっての負担金額が輸送機関選択において重要な要因であるため，政府が荷主に対して補助金等による財政面の支援でモーダルシフトを促す試みは理にかなっている。補助金によってモーダルシフトを支援する事業はいくつもあるが，いずれも時限的なもので恒久的なものではない。海運を利用し続けることに対する補助ではなく，文字通りモーダルシフト，輸送機関転換そのものに対する補助である。これは元から海運を利用していた荷主との公平の観点からは当然である。輸送機関転換そのものに対する補助は，輸送機関転換に多大なコストがかかる場合や，海運を利用したことがなく海運のメリットを把握していない場合において効果を発揮する。モーダルシフトに必要な施設整備に対する補助制度が導入されている点などはこの観点から評価できる。

　最近はトラックドライバーの不足がモーダルシフトにとっては追い風となっている。トラックドライバーの有効求人倍率は 2013 年に 1 倍を超えた。これ

が 2016 年には 2 倍を超え，依然高止まりしている。全産業平均が 1.3 倍から 1.5 倍程度で推移しているのと比較して逼迫感は強い。さらには働き方改革の一環としてドライバーの待遇改善が図られていることも需給の逼迫に拍車を掛けている。こうした背景の下，トラックのフェリー利用への転換が進んでいる。内航海運でも船員不足が指摘されているものの，深刻なのは小型内航船であり，フェリーにおいてはまだ深刻ではないようである。しかし，このモーダルシフトの流れが定着するかどうかは政策次第でもある。定着のための策なしでは，自動運行技術の普及等によりトラックドライバー不足が解消するとともに逆モーダルシフトが起こり，元に戻ることになるだろう。

　これまで 40 年近くにわたってモーダルシフトが政策目標として掲げ続けられているが，基本的には補助金支給と啓蒙活動のみである。筆者に近い分野では，たとえば古くは交通需要予測において，近年では投資評価における費用便益分析において，海外で導入され発展してきた考え方を参考にしながら取り入れ，日本独自の手法として確立されてきた。しかしモーダルシフト政策に関しては，海外の成功例に学び新たな枠組みを導入することがなかった。とくに環境問題に関しては，環境意識先進国である EU 諸国に学ぶ点は多いと考えられる。そこで本章では，EU と中国におけるモーダルシフトの現状と政策についてまとめ，日本への導入可能性を考察することを目的とする。

6.2　EU におけるモーダルシフト

6.2.1　EU の社会経済および交通の現状

　本章執筆時点において，EU ではイギリスの離脱が確実視されているもののまだ離脱はしておらず，その構成国は 28 カ国である。国別には発展段階はさまざまであるが，全体として大きな経済規模および一定の経済水準を保っている。EU の社会経済状況をアメリカ，日本，中国，ロシアと比較したものを表 6-1 に示す。EU 域内全体で人口は 5 億人を超えており，EU を単独の国と見なすと世界で 3 番目の規模である。同様に名目 GDP，財輸出額，財輸入額につ

いてはいずれも世界で 2 番目の規模である。1 人当たり GDP の水準は日本と
ほぼ同じである。域外との貿易額は輸出，輸入とも 1 兆 7,000 億ユーロの規模
となっているが，域内の貿易額は 3 兆ユーロを超える規模となっており，域内
での国境を越えた輸送も活発に行われている。EU 域内でのトンキロベースの
輸送活動量を輸送機関別にまとめ，表 6-1 と同様にアメリカ，日本，中国，ロ
シアと比較したものを表 6-2 に示す。表 6-2 中の 5 つの輸送モードのうち，道
路輸送の割合は EU において 49% であり，日本における 50% とほぼ同じ水準

表 6-1　EU の社会経済状況と諸外国との比較

	EU-28	USA	JAPAN	CHINA
人口（百万人）	511	323	127	1379
人口増加率（%）	0.2	0.7	-0.1	0.5
都市居住率（%）	75	82	94	57
面積（1000 km²）	4,471	9,629	378	9,597
人口密度（人／km²）	114	34	36	144
名目 GDP（10 億ユーロ）	14,909	16,837	4,466	10,124
実質経済成長率（%）	2.0	1.5	1.0	6.7
1 人当たり GDP 相対比較（EU-28 = 100）	100	146	107	39
財輸出額（10 億ユーロ）	1,745	1,316	574	1,799
財輸入額（10 億ユーロ）	1,713	1,996	528	1,352

（出所：European Commission, "EU TRANSPORT in figures 2018"）

表 6-2　EU 域内の輸送活動量と諸外国との比較（単位：10 億トンキロ）

	EU-28	USA	JAPAN	CHINA
年	2016	2015	2015	2016
道　路	1803.5	2990.2	204.3	6108.0
鉄　道	411.8	2547.3	21.5	2375.2
内陸水運	147.3	486.5	–	–
パイプライン	115.1	1411.8	–	419.6
海運（国内，EU 域内）	1180.8	251.8	180.4	9733.9

（出所：European Commission, "EU TRANSPORT in figures 2018"）

になっている。日本においては鉄道が5％あるものの残りは海運が担っている
のに対し，EUにおいては鉄道が11％あり，その他内陸水運やパイプラインも
数％のシェアを担い，海運のシェアは32％にとどまっている。EU，日本とも，
アメリカや中国と比較すると道路輸送のシェアが高くなっており，モーダルシ
フトが課題となっている点も共通している。

　EU諸国のEU域外との貿易を輸送機関別にまとめたものを表6-3と表6-4
に示す。表6-3が貿易額，表6-4が貿易量を示している。輸出入合計では，金
額ベースでおよそ50％，重量ベースでおよそ75％が海運によるものとなって
いる。道路，鉄道，パイプライン等の陸上による輸送も15〜25％のシェアが
ある。金額ベースで航空のシェアが輸出入合計で27％である点は日本とも近
いが，日本はその他すべてが海運であるのに対し，EUではさまざまな輸送手
段が活用されている状況にある。

　EU域内の輸送におけるトンキロベースでの輸送機関分担率の推移を表6-5
に示す。1995年からのおよそ20年間で，道路輸送のシェアが4％上昇してい
るのに対し，鉄道と内陸水運のシェアは減少し，海運のシェアはほぼ横ばいと
なっている。1995年時点では15カ国だった加盟国が，現在では28カ国に増

表6-3　EU域外との輸送機関別貿易額（単位：10億ユーロ）

	輸　　出		輸　　入	
海　　運	826.9	47.4%	870.4	50.8%
道　　路	315.4	18.1%	255.4	14.9%
鉄　　道	21.1	1.2%	20.6	1.2%
内陸水運	2.2	0.1%	4.3	0.2%
パイプライン	2.9	0.2%	68.3	4.0%
航　　空	503.1	28.8%	419.3	24.5%
自　　走	48.6	2.8%	22.6	1.3%
郵　　便	0.9	0.1%	1.6	0.1%
不　　明	23.5	1.3%	50	2.9%
合　　計	1744.6	100.0%	1712.5	100.0%

（出所：European Commission, "EU TRANSPORT in figures 2018"）

表6-4　EU 域外との輸送機関別貿易量（単位：百万トン）

	輸　出		輸　入	
海　　運	541.4	80.8%	1241.8	73.3%
道　　路	84.1	12.6%	68.7	4.1%
鉄　　道	17.5	2.6%	72.3	4.3%
内陸水運	6.2	0.9%	13.9	0.8%
パイプライン	3.1	0.5%	280.6	16.6%
航　　空	15.4	2.3%	4.2	0.2%
自　　走	0.4	0.1%	1.5	0.1%
郵　　便	0.0	0.0%	0.0	0.0%
不　　明	1.8	0.3%	10.2	0.6%
合　　計	669.7	100.0%	1693.1	100.0%

（出所：European Commission, "EU TRANSPORT in figures 2018"）

表6-5　EU 域内輸送の輸送機関分担率の推移（%）

年	道　路	鉄　道	内陸水運	パイプライン	海　運	航　空
1995	45.3	13.6	4.3	4.0	32.7	0.1
2000	46.5	12.5	4.1	3.9	32.9	0.1
2005	48.6	11.5	3.8	3.8	32.2	0.1
2010	49.4	11.4	4.5	3.5	31.2	0.1
2011	48.7	12.1	4.1	3.4	31.7	0.1
2012	48.5	12.0	4.4	3.4	31.7	0.1
2013	48.7	11.8	4.4	3.3	31.7	0.1
2014	48.2	11.8	4.3	3.2	32.4	0.1
2015	48.9	11.9	4.2	3.3	31.7	0.1
2016	49.3	11.2	4.0	3.1	32.3	0.1

（出所：European Commission, "EU TRANSPORT in figures 2018"）

加しており，市場統合，経済統合も深化した結果，加盟国間において陸上で国境を越える輸送がより容易になった背景がある。

　EU は道路輸送のシェアの拡大に問題意識を持っている。表6-6 に EU におけるセクター別の二酸化炭素排出量の推移を示す。1995 年からの約 20 年間で，全体では 15% 以上も二酸化炭素排出量は減少している。エネルギー業，製造

・建設業，その他産業など，いずれも排出量は減少しているが，運輸業は17%
もの増加となっている。EU の統合の深化により域内交流が活発となった結果
でもあるにせよ，運輸業が全体の二酸化炭素排出量削減の足を引っ張る格好と

表6-6　EU 28カ国におけるセクター別二酸化炭素排出量の推移（単位：百万トン）

年	エネルギー業	製造業・建設業	運輸業	その他産業	その他	合　計
1990	1,668.3	833.6	841.2	799.1	402.7	4,544.9
1995	1,512.2	743.6	912.0	766.9	366.7	4,301.4
2000	1,498.6	679.1	1,023.4	734.6	358.2	4,293.9
2005	1,589.6	628.1	1,093.8	758.6	364.4	4,434.5
2010	1,436.2	529.5	1,055.0	744.7	305.6	4,071.0
2011	1,412.3	512.2	1,046.6	653.4	304.2	3,928.7
2012	1,405.2	490.7	1,015.4	667.9	288.8	3,868.0
2013	1,329.4	481.6	1,009.5	672.7	288.0	3,781.2
2014	1,245.7	473.5	1,019.3	583.8	291.7	3,614.0
2015	1,233.5	477.5	1,039.9	610.7	290.3	3,651.9
2016	1,183.4	468.2	1,067.3	630.5	287.9	3,637.3

（出所：European Commission, "EU TRANSPORT in figures 2018"）

なっている点は問題である。

　表 6-7 に EU 域内輸送において海運利用の多い輸送区間を示す。1 位がイタ
リア国内，2 位がイギリス国内，3 位がスペイン国内，6 位がギリシャ国内，9
位がスウェーデン国内と，上位には国内輸送が多く登場する。4 位と 5 位はオ
ランダ・イギリス間，7 位と 8 位はフランス・イギリス間と，陸上の輸送手段
がないあるいは容量が小さい区間である。一般に多くの国において国内輸送量
は国際輸送量よりもはるかに規模が大きいため，違和感のない結果でもある。
また，長い海岸線を持つ国が上位を占めていることも，海運の利用のしやす
を活かした結果であると解釈できる。10 位以下には陸上で繋がっている国の
間の輸送も多く登場している。これらの実績がモーダルシフトの先進例である

表6-7　EU 域内輸送において海運利用の多い輸送区間

順位	積み地	揚げ地	海運輸送量 （百万トン）
1	ITALY	ITALY	96.768
2	UK	UK	62.584
3	SPAIN	SPAIN	45.052
4	NETHERLANDS	UK	43.954
5	UK	NETHERLANDS	35.788
6	GREECE	GREECE	28.650
7	FRANCE	UK	21.613
8	UK	FRANCE	17.666
9	SWEDEN	SWEDEN	17.661
10	SWEDEN	GERMANY	15.746
11	BELGIUM	UK	15.518
12	FINLAND	GERMANY	15.255
13	FRANCE	FRANCE	14.138
14	DENMARK	DENMARK	13.623
15	DENMARK	SWEDEN	12.474
16	UK	BELGIUM	12.425
17	ITALY	SPAIN	12.204
18	UK	GERMANY	11.913
19	UK	IRELAND	11.659
20	SWEDEN	UK	11.626
21	GERMANY	SWEDEN	11.582
22	NETHERLANDS	FRANCE	11.549
23	SPAIN	ITALY	10.458
24	LATVIA	NETHERLANDS	9.992
25	SWEDEN	FINLAND	9.633
26	IRELAND	UK	9.148
27	NETHERLANDS	SPAIN	9.063
28	SPAIN	UK	8.516
29	GERMANY	DENMARK	7.759
30	NETHERLANDS	SWEDEN	7.591

（出所：European Commission, "EU TRANSPORT in figures 2018"）

と考えられる。

6.2.2　EU の交通政策におけるモーダルシフト

　EU において本格的にモーダルシフトが推進され始めたのは 1992 年である。1992 年に始まった Pilot Actions for Combined Transport（PACT）では 2001 年にかけて，92 のプロジェクトによりモーダルシフトが推進された。その多くは鉄道利用を促進するためのインフラ整備や仕組み作りだが，海運関連も 25 のプロジェクトが実施された。中でもスウェーデン・イタリア間の輸送においてフェリーと鉄道を接続するプロジェクトや，イタリア・ギリシャ間のシャトルサービスは高く評価されている。一方で失敗とされたプロジェクトも多く，全体としてはトラックの分担率削減には繋がっていない。

　その後は 2001 年の EU 運輸白書で提案され，2003 年から 2006 年にかけて実施された Marco Polo プログラム，および 2007 年から 2013 年にかけて実施された Marco Polo II プログラムにより，モーダルシフトに対する補助が行われた。Marco Polo の予算は 1 億ユーロ規模であったものが，Marco Polo II では 7 億ユーロ以上の予算が確保されるなど，より強力にモーダルシフトを推進されることとなった。この取り組みは 2014 年に Connecting Europe Facility（CEF）に引き継がれ，2020 年までに交通インフラに投じられる予算が 231 億ユーロと，非常に大規模な予算が確保されている。その多くが Core Network Corridors（CNC）と呼ばれる中核ネットワークの整備に投じられることになっている。各 CNC は原則として 3 カ国以上の加盟国を通過し，3 種類以上の輸送モードを活用するものでなければならないとされており，結果的にすべての CNC において海運と鉄道の活用が念頭に置かれているなど，モーダルシフトを強く意識した計画となっている。また，すべての加盟国にいずれかの CNC に参加する義務を課しているため，CNC は EU 全域を網羅するものとなっている。したがって，CNC の完成を目指すことは EU 全体においてモーダルシフトを推進することとほぼ同じ方向を向いていることになる。EU が 2011 年にまとめた運輸白書においては，この CNC は 2030 年までに完成させることが目標と

して掲げられている。

　2001年以来10年ぶりにまとめられた2011年の運輸白書では，競争的かつ資源効率的な運輸体系を目指すとした。温室効果ガス排出量60%削減を目指して10の目標が掲げられ，そのうち先に挙げた事項も含め，以下の3つが海運へのモーダルシフトに関連するものとして挙げられている。

- 300km以上の道路貨物輸送のうち，2030年までに30%，2050年までに50%を鉄道，海運，内陸水運にシフトさせる。そのために必要なインフラを適切に整備する。
- 2030年までにEU全域のCNCを完成させ，2050年までにそれらの質と容量を十分に確保する。
- 2050年までにCNC上の空港と（高速）鉄道を接続させ，港湾と貨物鉄道，内陸水運とを接続させる。

　この目標達成のためにCEFが活用されている。目標を明確に定めるとともに，CNCに関連するインフラ整備を優先的に行えるような補助スキームを確立している。表6-7で確認したように，EU域内の海運利用は国内輸送や陸上の輸送手段がない，あるいは容量が小さい区間に集中している。対象がCNCに限定されているとはいえ，数多くの港湾への投資が行われることにより，国境を越えた海上輸送も円滑に行われるようになることが期待できる。特にバルト海から英仏海峡にかけての地域や地中海から黒海にかけての地域においては，既にフェリー・RORO船の定期航路や近海コンテナ航路に就航しているため，これら航路のさらなる活用や航路の拡充が進むと期待される。

6.3　中国におけるモーダルシフト

　中国では急速な経済発展に伴って2000年代に入り大気汚染が急速に深刻化し，国全体の重大な関心事項となっていった。2013年には大気汚染防止行動計画が策定され，微小粒子状物質の削減を目指した。その結果，2017年までに主要地域において汚染物質濃度の目標値を達成した。環境保護政策全般と

しては，2016 年に第 13 次五カ年生態環境保護計画を策定し，大気汚染物質排出削減に向けた規制の強化と新たな支援政策の導入を進めた。その後においても政府の環境政策は進展し，2018 年には青空保護戦勝利行動計画が策定され，環境規制はより厳しくなってきた。また 2018 年には，2020 年に向けた 7 つの行動計画が策定され，その一つに運輸構造調整推進に関する 3 カ年行動計画がある。この計画では鉄道輸送能力向上，水運システムの改善，複合一貫輸送の導入などの方針が示され，モーダルシフトが強く意識されている。その背景には，全国貨物輸送量に占める道路輸送のシェアが年々上昇し，2017 年には 78％ に上った一方で，鉄道輸送比率は低下を続け，シェアは 7.8％ と道路の 10 分の 1 の水準にとどまっていることが挙げられる。この計画に基づく具体的な政策としては，鉄道インフラの整備などとともに，地域によってはたとえば石炭輸送において事実上道路輸送を禁止して全面的に鉄道利用に転換させるような，強制力を持った政策も併せて導入されるなど，政府の強い環境改善意識が反映されている。

6.4　まとめ

　EU においては域内輸送における道路輸送の分担率が上昇傾向にあり，運輸部門全体としても二酸化炭素排出量が増加するなどの背景を受けて，モーダルシフトの必要性が広く認識されている。これまで 20 年ほどにわたってモーダルシフト政策が進められてきたが，結果として道路輸送の分担率を下げるには至っておらず，近年では危機感の高まりとともに，予算措置の拡充も行われている。Core Network Corridors（CNC）を設定し，そのネットワーク充実に優先的に予算措置を行うことにより，選択と集中の考えに基づいたインフラ整備が進められている。CNC の考え方の根底には EU 域内の統合された交通ネットワークの構築という理念があり，円滑に国境を越えていく輸送を目指すものである。この理念が，EU における国境が日本における県境のような存在になることを意味するのであれば，これはそのまま日本国内における交通ネットワー

ク構築にも当てはまる考え方である。EU における現在のモーダルシフト政策が成功するのかどうかはまだ判断できないが，これまでの反省から，選択と集中を進めてインフラ整備を進める方向に動き出したことは注目に値する。

　日本は大気汚染物質濃度の面では，中国のように深刻な状況にはない。しかし，二酸化炭素排出削減に向けた努力を他国と足並みを揃えて進めるために，インセンティブだけでは不十分であるとするならば，強制力を持った政策も選択肢とすべきである。

第7章 モーダルシフト事例

7.1 はじめに

　多くの企業がモーダルシフトに取り組んでいる。その理由は，環境対策であったり，自然災害への備えであったり，あるいはドライバー不足などさまざまである。また，その取り組みの手法も企業によって大きく違うようだ。本章では，異なる業種の企業からの聞き取りをもとに，モーダルシフトへの取り組みについて具体的な事例を紹介する。ワコール流通株式会社，ニチレイロジグループ，ライオン株式会社，シャープジャスダロジスティクス株式会社，味の素株式会社の5社からのヒアリングをもとに，船舶へのモーダルシフトを中心に取り上げた。

　上記の事例以外にも多くの企業がモーダルシフトに取り組んでいる。そこで，5社以外の取り組みについて，最近のニュースから取り上げたものをまとめて記載した。ただし，これは船舶へのモーダルシフトを取り上げたものであり，実際の企業の取り組みの一部でしかない。

7.2 ワコール流通株式会社

7.2.1 モーダルシフトへの取り組みの背景

　2014年2月，発達した低気圧の影響で，関東甲信地方や東北地方を中心に大雪，北日本では暴風雪となった。この大雪と大雨は，停電や高速道路の通行止めなど交通機関にも大きな影響を及ぼした。また，大雨の影響で道路冠水や土砂災害等の被害も発生した。

　この時，豪雪と大雨のためにライフラインは絶たれ，水や食料がヘリコプ

ターで運ばれるという事態に陥った。道路は封鎖され，山梨など甲信越地方に
ワコールの商品が届けられないという状態が発生した。

　ワコール流通が，モーダルシフトへ舵を切ったのはこの豪雪がきっかけで
あった。2014年の災害時には，道路が寸断されトラックはすべて止まったが，
鉄道や船舶は正常に運行していた。同社の扱うワコールの商品の国内輸送は，
それまで，沖縄，北海道，青森など一部の空輸を除いてトラックで輸送してい
た。この時，同社は，災害時にも商品を確実に届けるためには輸送の多様化が
必要だと判断したのである。つまり，ワコール流通のモーダルシフトへの取り
組みの目的は，「BCP*¹ の視点から輸送チャネルを多様化」するというものだ。

7.2.2　ワコール流通とその取扱貨物

　ワコール流通は，ワコールの販売物流を担う。滋賀県守山市に拠点を置き，
守山流通センターからワコールの商品の50%を全国（百貨店，小売店，直営
店，チェーンストアの一部）に配送する。他には，京都伏見流通センターなど
があり，ワコールの関連会社の商品も扱う。ワコール流通全体の2018年度の
売上高は43.3億円，従業員は862人，取扱量は，年間159万ケース，7,790万
枚であった。

7.2.3　モーダルシフトへの取り組み

　モーダルシフトの欠点，つまりトラックから鉄道や船舶に輸送を切り替える
ことによる問題点は，リードタイムが長くなることである。ワコール流通では，
この点を考慮して比較的リードタイムに柔軟性のあるバーゲン商品からモーダ
ルシフトを推進することとした。

---

*¹　BCP（Business continuity planning，事業継続計画）とは，企業が自然災害，大火災，テ
　ロ攻撃などの緊急事態に遭遇した場合において，事業資産の損害を最小限にとどめつつ，
　中核となる事業の継続あるいは早期復旧を可能とするために，平常時に行うべき活動や
　緊急時における事業継続のための方法，手段などを取り決めておく計画。

図 7-1　ワコール流通守山流通センター

（写真提供：ワコール流通）

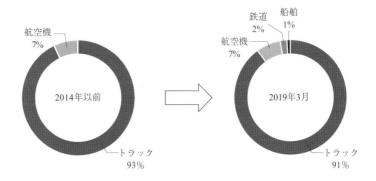

図 7-2　ワコール流通モード別輸送割合

（出所：ワコール流通からのヒアリングをもとに作成。数値は概算）

　2014 年 9 月，日本貨物鉄道（JR 貨物）の 12 フィートコンテナを使って京都梅小路〜東京貨物ターミナルの鉄道輸送を開始した。しかしながら，フェリーによる海上輸送の出だしは順調ではなかった。貨物のロットが小さいことからフェリー会社に受けてもらえなかったのである。ある程度の大きなロットでなければ海上輸送はむずかしいということを学び，北海道の事業者である松岡満運輸が関東，関西から混載トラックでフェリーを利用していることを知り，同社の混載便を利用して 2016 年 5 月から北海道向けの貨物のフェリーによる海上輸送を始めた。

　新日本海フェリーの敦賀〜苫小牧航路で，バーゲン商品を中心に年間 30 便を利用しており，出荷は主として，5 月，6 月，9 月，10 月に集中している。

　2016 年には，トラック，鉄道，船舶，航空機による 4 モードの輸送体制を構築した。しかしながら，鉄道輸送が 2 〜 3%，海上輸送は 1% に満たないのが現状である。海上輸送は，現在は北海道向けだけであり，九州向けなどに拡大したいと考えているが，トラックドライバー不足や多発する自然災害の影響から，瀬戸内海のフェリーはスペース確保が難しいという。

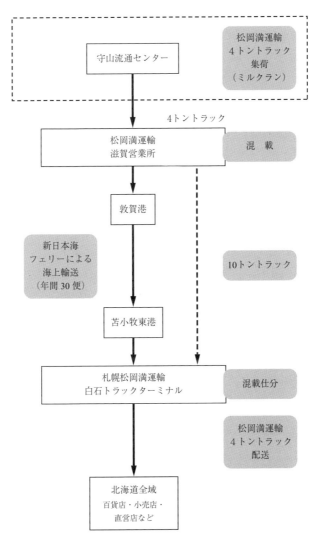

図 7-3　ワコール流通海上輸送の仕組み

（出所：ワコール流通からのヒアリングをもとに作成）

7.3 ニチレイロジグループ

7.3.1 ニチレイロジグループのモーダルシフト取り組みの立ち位置

　ニチレイロジグループは，グループの株式会社ロジスティクス・ネットワーク（ロジネット）を中心にニチレイフーズにおける物流管理の役割を果たすLLP（Lead Logistics Provider）という立場で，15年以上前からモーダルシフトに取り組んでいる。

　ニチレイでは地球環境対策として二酸化炭素（CO_2）排出量の削減が重要なテーマになっている。グループ会社であるニチレイフーズは冷凍食品メーカーとして，またニチレイロジグループは物流を管理実行する立場としてモーダルシフトを推進しており，現在，最大限に効果をもたらす施策となっている。

　今日，モーダルシフトの目的は，環境対策と合わせてBCP（事業継続計画）およびドライバー不足対策とその労働環境改善の意味合いを持っている。そのことが明白となったのは2017年7月の九州北部豪雨である。ニチレイロジグループは輸送モードをトラックに限らず，海上輸送と鉄道輸送を併用していたため，欠車（輸送依頼に対して車両を手配できない量）を最小限に食い止める

図7-4　ニチレイロジグループ本社
（写真提供：ニチレイロジグループ）

ことができた。

　現在，JR 貨物による鉄道輸送は日本通運等と，またフェリーによる海上輸送はオーシャントランスおよび日本通運等と共同で取り組んでいる。なお，ニチレイロジグループはニチレイグループ以外の顧客を多く抱えており，ニチレイグループ内顧客の扱いは 10% 程度である。

7.3.2　ニチレイロジグループのモーダルシフトへの取り組み

　ニチレイロジグループのモーダルシフトへの取り組みは，2003 年 JR コンテナ及びフェリー便による倉庫間の輸送から始まった。

　オーシャントランスを利用して有明～新門司間の冷凍トラックから海上輸送（毎日 1 往復）へシフトした。その後 2011 年には，フェリー便による複数荷主の共同輸送を開始，空きスペースの有効活用に繋がった。

　2009 年より，北海道工場から九州への商品の輸送は，小樽港～舞鶴港（フェリー）・舞鶴港～九州（トラック）から，苫小牧港～大洗港（フェリー）・大洗港～有明港（トラック）・有明港～新門司港（フェリー）へシフトした。これは，苫小牧港～大洗港と有明港～新門司港という 2 つのフェリー航路を接続

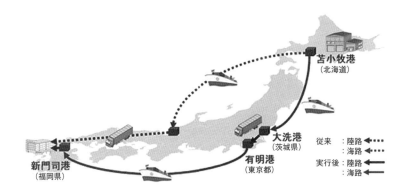

図 7-5　ニチレイロジグループのコンテナリレー便
（資料提供：ロジスティクス・ネットワーク）

することで海上輸送の距離を長くしたものである。これにより，総輸送距離は1.2 倍に，またリードタイムも 1 日長くなったが CO_2 排出量を 30% 削減した。

　先述の通り，現在は環境対策だけでなく BCP の観点からも，北海道〜九州の輸送は，日本海ルート（苫小牧港〜敦賀港〜新門司港）と太平洋ルート（苫小牧港〜大洗港〜有明港〜新門司港）の両方で行っている。

7.3.3　冷凍貨物輸送におけるモーダルシフトの課題

　鉄道輸送には主として 31 フィート冷凍コンテナが使用されている。冷凍コンテナは日本通運をはじめとする通運会社が所有しているものがほとんどで，徐々に供給は増えているが，まだまだ冷凍コンテナの本数は限られている。特に 12 フィート冷凍コンテナは常温コンテナのように豊富に本数があるわけではないうえ，拡大していないのが現状である。また，31 フィート冷凍コンテナは取り扱い駅が限られている。あるいは運行スケジュールなど制約が多い。

　こうしたことから，モーダルシフトにおいては海上輸送と鉄道輸送を使い分けていく方針である。海上輸送の場合，小ロットに対応できないため，輸送ルートが限定される難しさなどの問題点もある。そのため，現状では小ロットは鉄道輸送またはトラック輸送，中・大ロットは船舶またはトラック輸送となっている。

　冷凍貨物は貨物量が多くないためバーゲニングパワーが小さく，キャリアに対してスペース確保の調整が大変である。

　今後は，他温度帯商品との組み合わせも含むコンテナの往復利用を拡大（JRコンテナ・フェリー便）や外貨コンテナ搬入後の空コンテナの有効利用などを検討中である。

7.4　ライオン株式会社

7.4.1　ライオンのモーダルシフトへの取り組みとモーダルシフト化率

　ライオンは環境対応として CO_2 削減に積極的に取り組んでいる。

基本的に 500km を超える輸送については，鉄道および船舶による海上輸送に切り替えることで CO_2 の削減を図っている。国土交通省では，モーダルシフト化率について次のように定義している。「輸送距離 500km 以上の雑貨輸送量（産業基礎物資〔鉄道にあっては車取扱物〕を除く。）のうち，鉄道または海運により運ばれている輸送量の割合をいう）」。この定義にしたがった計算では，ライオンの社内輸送（工場～保管倉庫～流通センター）のモーダルシフト化率は 58%[*2] になるという。また，社内輸送全体に占める鉄道・船舶輸送は 19%[*3] である。

図 7-6　ライオン本社
（写真提供：ライオン）

7.4.2　3 社連携によるモーダルシフト事業への取り組み

2018 年よりライオン，キユーピーと日本パレットレンタル（JPR）の 3 社は海運共同モーダルシフト事業を開始した。それまで，3 社がそれぞれ片道手配のみで運行を行っていたものを共同して行うことで，空でのトラック輸送部分をなくそうというものである。海上輸送部分は，関光汽船が手配し，オーシャン東九フェリーを利用する。

まず関東にあるキユーピーの工場で，貨物をトラックに積込み，東京港へ運ぶ。東京港からフェリーで新門司港まで輸送。トラックで九州にあるキユー

[*2]　2018 年実績に基づく。
[*3]　2018 年実績に基づく。

ライオン
流通センター
(埼玉県)

ライオンケミカル
坂出工場
(香川県)

JPR
鳥栖デポ
(佐賀県)

キユーピー
五霞工場
(茨城県)

キユーピー
鳥栖倉庫
(佐賀県)

図7-7　3社連携によるモーダルシフト
(出所：ライオンからのヒアリングをもとに作成)
注) ライオン，キユーピー，日本パレットレンタル (JPR) の3社。

ピーの物流拠点に荷物を降ろす。その後，日本パレットレンタルの拠点で，空
になったトラックにライオンの商品運送に使うパレットを積込み，新門司港か
ら徳島港へフェリーで移動する。四国の拠点でパレットを降ろしてライオンの
商品を積込み，改めて東京港にフェリーで向かう。東京港からはトレーラーで

ライオンの物流拠点に向かう。3 社は週 1 回分の輸送を共同幹線輸送に切り替える。

この事業は，2018 年 8 月 1 日に改正物流総合効率化法第 4 条第 4 項の規定により，国土交通省から総合効率化計画に認定された。また，2018 年度のグリーン物流パートナーシップ「国土交通大臣表彰」を受賞した。

7.4.3　3 社連携によるモーダルシフト事業の効果

この事業による効果は，3 社ともトラックは片道を空で走っていたのが共同輸送することで往復の実車率が 99.5% となり，ライオンではトラック輸送距離で 602 km の削減効果があった。3 社のトラック輸送距離の削減率は 79.9% になった（図 7-8）。また，1 回の輸送において 3 社合計で 10 人のトラックドライバーを要していたのが，7 人減の 3 人で可能になった。

CO_2 は約 62% の削減と，環境対策としての貢献度も大きい。昨今のドライバー不足の状況下，この事業の成果は大きい。この事業のポイントは，業種を超えた協力にあるといえる。何より，3 社の輸送日を調整し，自社の都合に輸送日を合わせるのではなく，幹線輸送日に輸送を合わせた点にある。

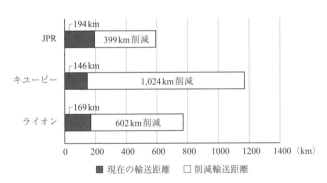

図 7-8　トラック輸送距離の削減効果

（出所：国土交通省 HP（2018 年 8 月 22 日報道発表資料別紙））

7.5　シャープジャスダロジスティクス株式会社

7.5.1　シャープジャスダロジスティクスのモーダルシフトの目的

　シャープジャスダロジスティクスは，シャープの物流部門を母体に 2016 年 10 月に設立された。株式保有比率はシャープ 49%，JUSDA 51% である。シャープの物流を一手に担っており，物流分野においてシャープの環境経営へ貢献している。

　シャープジャスダロジスティクスによる貨物輸送の船舶（内航船）や鉄道（JR コンテナ）へのモーダルシフトへの取り組みによって，2017 年度のシャープグループの国内貨物輸送に伴う温室効果ガス排出量は，前年比 5% 減の 16 千 t-CO_2 であった（図 7-10）。

　シャープジャスダロジスティクスは，シャープグループ全体での環境負荷低減の一環として，輸送における環境負荷低減のためにモーダルシフトに取り組んでいる。

図 7-9　シャープジャスダロジスティクス本社
（写真提供：シャープジャスダロジスティクス）

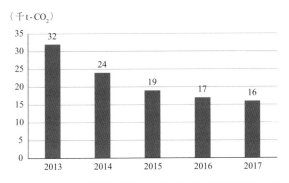

（千t-CO₂）

図7-10　シャープの貨物輸送に伴う温室効果ガス排出量推移（日本国内）
（出所：シャープジャスダロジスティクス　パンフレット "Corporate Profile"）

7.5.2　シャープの国内輸送とモーダルシフト

　シャープジャスダロジスティクスが担うシャープの国内輸送は，海外から輸入する製品の国内における配送である。シャープの製品のほとんどが海外で生産され，輸入される。現在は，大阪港，東京港および横浜港から関西（大阪・堺物流センター）と関東（千葉・市川物流センター）の2拠点に輸入された貨物が全国に配送される。市川物流センターは東北・東日本をカバーする。中部地方を含む西日本へは堺物流センターから配送される。中部地方については，2019年9月，名古屋に新たにオープンする物流センターがカバーすることになる。500km以上の長距離輸送については，基本的に船舶による海上輸送を利用する。主な長距離輸送は，関東〜北海道（一部関西〜北海道もある），関西〜九州，関西〜沖縄であり，主にRORO船，フェリーが利用される。北海道向けは大洗〜苫小牧航路，敦賀〜苫小牧航路，九州向けは瀬戸内海航路（大阪〜新門司），沖縄向けは大阪〜那覇航路を利用する。

　シャープジャスダロジスティクスでは，環境負荷低減のためにモーダルシフト以外にも輸送距離の削減や輸送効率の向上などさまざまな取り組みを行っている。輸送距離の削減の方法には，大型車両や船舶の利用によって便数を減らす，輸入港をできるだけ消費地に近い港に切り替える，あるいは物流拠点の配

表7-1　シャープジャスダロジスティクスの国内輸送モード別輸送量推移

輸送モード／年	トラック		船　舶		鉄　道	
	千トンキロ	構成比	千トンキロ	構成比	千トンキロ	構成比
2014	68,872	75.4%	12,729	13.9%	9,760	10.7%
2015	52,653	77.0%	10,522	15.4%	5,210	7.6%
2016	43,474	75.2%	9,947	17.2%	4,399	7.6%
2017	38,446	74.0%	9,509	18.3%	4,027	7.7%
2018	30,370	64.5%	10,974	23.3%	5,725	12.2%

（出所：シャープジャスダロジスティクスからのヒアリングをもとに作成。2018年データ）

置／統合などがある。輸送効率向上のための方法としては，最大積載量に見合った適正車種の利用やラウンド輸送が挙げられる。

　こうしたモーダルシフトを含めたさまざまな取り組みの結果，2018年は前年に比べ，トラック輸送は20％以上減少，船舶，鉄道はそれぞれ15％，42％増加した。全体として約10％の輸送量の減少が実現した（表7-1）。

　船舶による海上輸送は，2014年の13.9％から年々増加し，2018年には23.3％と，直近の4年間で9.4ポイント増加している（図7-11）。鉄道も，10.7％から12.2％へと1.5ポイント増えている。近年のモーダルシフト，特に船舶へのモーダルシフトが大きく広がっている。

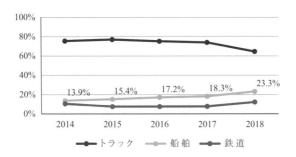

図7-11　シャープにおける輸送モード別輸送割合の推移
（出所：シャープジャスダロジスティクスからのヒアリングをもとに作成）

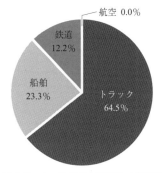

図7-12　シャープジャスダロジスティクス
**　　　　輸送モード別割合**（2018 年）

（出所：シャープジャスダロジスティクスからの
　　　　ヒアリングをもとに作成）

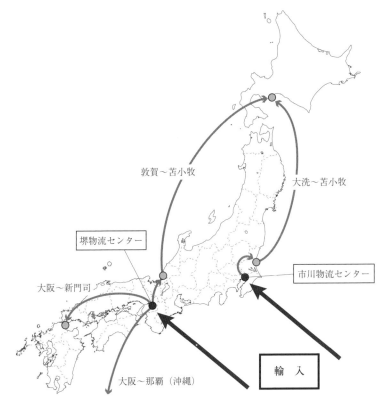

図7-13　シャープジャスダロジスティクス主要海上輸送ルート

（出所：シャープジャスダロジスティクスからのヒアリングをもとに作成）

7.5.3 モーダルシフトを推進する上での課題

　環境負荷低減の観点からさらなるモーダルシフトを進めたいと考えているが，施策推進するにあたっては少なからず課題もあるという。モーダルシフトを推進する上での課題として次の様な点が挙げられた。

① 　船舶の場合，リードタイムが長くなる。

② 　JR コンテナの場合，コストがトラックより高くなるケースがある。

③ 　悪天候などによる遅延リスクがある。

④ 　顧客の要請による小口輸送には船舶や鉄道は適さない。

7.6　味の素株式会社

7.6.1　味の素のモーダルシフトへの取り組み

　味の素は，1995 年からモーダルシフトに取り組んでいる。2005 年改正省エネ法では「特定荷主」に当たり，輸配送に伴う CO_2 排出量を 5 年間で 5% 削減し，行政に報告することが義務付けられた。味の素グループ 3 社（味の素，味の素冷凍食品，味の素 AGF）で，エネルギー使用量（原油換算）の原単位で，5 年目の 2010 年には 5.9% 削減し，目標を大きく上回った。その後もモーダルシフト，積載率向上や定期配送化による配送車両の削減などにより，着実にエネルギー使用量を削減し続けている。2017 年度は，2010 年度比で 10.5% 削減した。

　初期のモーダルシフトへの取り組みは鉄道が中心であったが，2012 年に船舶による海上輸送を導入，2014 年以降は 500km 以上の長距離輸送において船舶によるモーダルシフトを強化している。2013 年のモーダルシフト化率（500km 以上）は 44% であった。その後，モーダルシフト化率は上昇を続け，2017 年には 84% に達した（図 7-16）。そのうち 45% が船舶による海上輸送である。

　2019 年 7 月の味の素グループのモード別輸送を見ると，船舶 61%，鉄道

図 7-14　味の素本社

（写真提供：味の素）

原単位（＝エネルギーの使用量/販売重量）

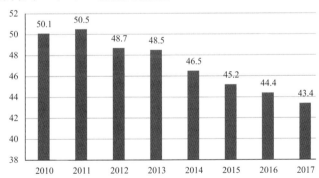

図 7-15　エネルギー使用量原単位の推移

（出所：味の素グループ「サステナビリティデータブック 2018」
　　　および味の素からのヒアリングをもとに作成）

注）味の素，味の素冷凍食品，味の素 AGF 3 社合計の数値。

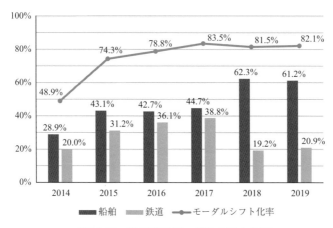

図 7-16　味の素のモーダルシフト化率

（出所：味の素グループ　「サステナビリティデータブック 2018」
および味の素からのヒアリングをもとに作成）

注）500km 以上の長距離輸送が対象。データは各年 10 月の数値，2019 年は 7 月。

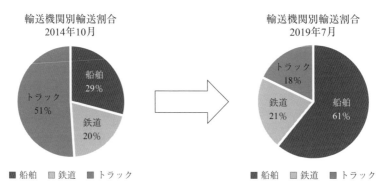

図 7-17　モーダルシフト内訳の 2014 年 10 月／ 2019 年 7 月比較

（出所：味の素物流企画部提供データをもとに作成）

21%，トラック 18% となっている（図 7-17）。味の素物流企画部によると，2019 年度通年で見ても船舶の輸送割合は 60% を超える見込みだという。つまり，500km 以上のモーダルシフト化率は，鉄道と船舶を合わせて 90% 超となる見込みだ。

　味の素は船舶へのモーダルシフトへの積極的な取り組みが評価され，2015 年 7 月に，「エコシップモーダルシフト事業者優良事業者」として国土交通省海事局長表彰を受けた。

7.6.2　味の素の輸送ネットワーク

　味の素は国内に 8 カ所の自社生産拠点と 8 カ所の物流センター（BC）を持つ。同社がモーダルシフトに力を入れているのは，主要生産拠点の川崎工場，高津工場（神奈川県）および三重工場（第 1 製造部，第 2 製造部）から他の物流センターへの長距離製品輸送である。具体的には，関東〜九州（福岡），関東〜北海道，関東〜関西，三重〜九州（福岡）というルートである。なお，三重工場から北海道へは，川崎物流センター経由で輸送されている。

　味の素のモーダルシフトについて，鉄道は JR 貨物の 31 フィートコンテナを使用（一部貨物量の少ない北海道などでは 12 フィートコンテナを使用することもある），海上輸送については，フェリーと RORO 船を利用する。

　味の素の輸送についての基本戦略は，同一仕向け地への輸送に関して複数の輸送モードおよび，同一モードにおいても複数のルートを持つことである。例えば，関東〜北海道の輸送でいえば，フェリーによる大洗港〜苫小牧港を利用し札幌に輸送するルートの他にも，新潟まで陸路で輸送し，新潟港〜小樽港経由札幌へ輸送する複数のルートを利用している。三重工場から九州への輸送についても，大阪南港から新門司港へのルートの他に，最近新たに開設された，敦賀港〜博多港のルートの利用も始めた。関東〜関西は主として鉄道であるが，一部千葉港から大阪の泉北港の海上ルートを利用している。

　こうした取り組みのおかげで，2018 年の西日本豪雨の際には JR 貨物の運休にもかかわらずフェリー輸送で乗り切ることができた。

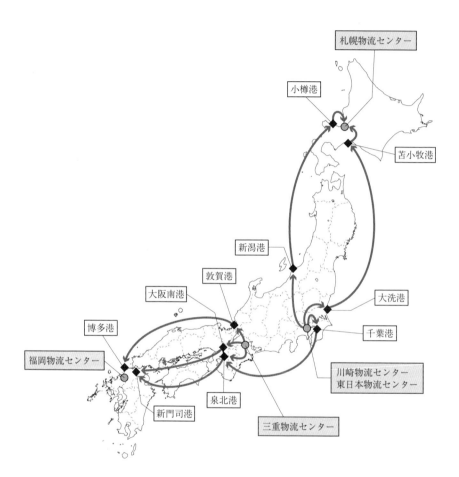

図 7-18　味の素の主な海上輸送ルート
（出所：味の素からのヒアリングをもとに作成）

7.6.3　共同物流への取り組みと F-LINE 株式会社の設立

　加工食品輸送は，長時間待機，小ロットのため手間暇がかかる。さらにパレット積替えなどの付帯作業の発生や多頻度検品作業，賞味期限（日付）管理など加工食品の特性から配送業者に嫌われる。最近のドライバー不足など食品物流を取り巻く環境は厳しいという実態から，物流体制の維持は大変厳しい状況にある。こうした認識

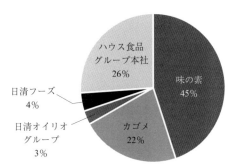

図7-19　F-LINE 株式会社への出資比率
（出所：味の素物流企画部提供データをもとに作成）

から，味の素は持続可能な食品物流のためにさまざまな取り組みを行っている。その一つが，食品 5 社（味の素，カゴメ，日清オイリオグループ，日清フーズ，ハウス食品グループ本社）による物流事業の統合である。5 社の共同出資により，2019 年 4 月に，F-LINE 株式会社が誕生し，共同物流にも積極的に取り組んでいる。F-LINE 株式会社は 5 社の物流をほぼ一手に担う形になることから，売上高でいえば 1,000 億円規模の物流会社となる見込みだ。

7.6.4　共同輸送によるモーダルシフトの例

　味の素は，他の食品メーカーとの共同物流による効率化，CO_2 削減に積極的に取り組んでいる。2016 年 3 月から，ミツカンと共同で 31 フィートコンテナによる東西鉄道往復運航を始めた。味の素物流が所有するコンテナで行き（関東 → 関西）は味の素の製品を輸送し，帰り（関西 → 関東）はミツカンの製品を輸送するというものである。この共同輸送により対象区間における 2 社合計のモーダルシフト化率は約 10% から 40% へ，CO_2 削減量は約 170 トン（約 20% 減）と環境負荷低減に大きく貢献している。

　また，2016 年 7 月から，ハウス食品と味の素，日清フーズとミツカンの北

関東から北海道への幹線輸送について，混載による共同物流を始めた。鉄道の 12 フィートコンテナから混載セミトレーラーに切り替え，パレット積みとすることで一貫パレチゼーションを可能にし，船舶による海上輸送に切り替え，バラ積みを削減することで作業効率の向上と車両の滞在時間を削減している。ハウス食品関東物流センターにおける混載積込み拠点での車両滞在時間をこれまでの約 72 分から約 40 分に削減した（12 フィートコンテナ 1 個当たり）。また，一貫パレチゼーション化による北海道共配センターでの車両滞在時間は約2 時間から約 1 時間へと半分に減った（トレーラー換算で 1 台当たり）。

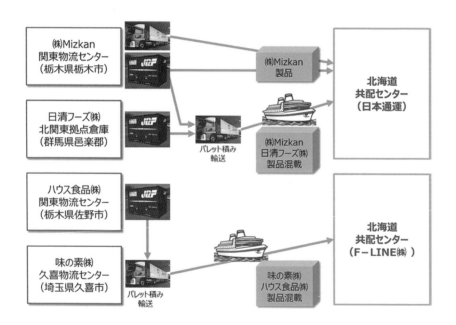

図 7-20 「ハウス食品と味の素」，「日清フーズとミツカン」共同物流
（出所：味の素物流企画部提供データをもとに作成）

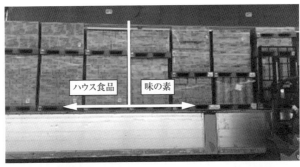

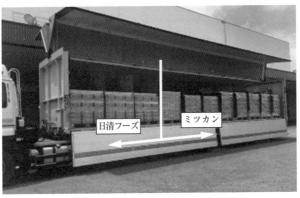

図 7-21　ハウス食品と味の素，日清フーズとミツカンのトラックへの混載
（出所：味の素物流企画部提供データをもとに作成）

7.7　その他の企業のモーダルシフトへの取り組み

　最近のモーダルシフトはトラックドライバー不足が背景にあり，そのことが
注目されているが，先に取り上げた企業の他にも大手荷主企業を中心に，環境
に配慮した循環型ロジスティクスに向けた取り組みが行われている。包装・梱
包材の見直しに始まり，自営転換，低公害車の導入や産業廃棄物対策はもちろ
んであるが，2000 年代前半においてすでに共同物流に取り組んでいる企業の
割合が 50％ 近くに達しており，モーダルシフトに取り組んでいる企業も 30％

を超えているという調査結果もある[4]。

　以下，新聞各紙および各社ホームページをもとに，近年におけるさまざまな
企業のモーダルシフトへの取り組みの例を挙げる。

日立物流

　日立物流は海外で生産された冷蔵庫や洗濯機などの家電製品を東京港で陸揚
げし，東京〜栃木間の幹線輸送を鉄道にシフトする取り組みを 2003 年 2 月に
開始した。東京貨物ターミナル駅〜宇都宮貨物ターミナル駅で月間最大 240 本
（40 フィートコンテナ），12 フィート〔5 トン〕コンテナ換算では 960 本の輸
送枠を確保し，月間 30 トンの CO_2 排出を削減している。

富士フィルムロジスティクス

　富士写真フィルムと連結子会社の富士ゼロックスは，それぞれの物流子会社
である富士フィルムロジスティクス（FFL）と富士ゼロックス流通を 2003 年
4 月 1 日に合併，FFL に一本化。また，FFL ではコスト抑制のため，拠点の配
置や配送ルートの見直しやトラックの改良による積載効率アップも進めるほ
か，帰り便では外部荷主の輸送も行っていく。FFL は環境対策に力を入れてお
り，遠距離輸送は鉄道が中心のため，モーダルシフト化率（500km 以上の国
内海運・鉄道の雑貨輸送の比率）は約 80％になる。遠隔地へはトラックに比
べて，ほぼ 1 日到着が遅れるが，販売会社への配送が多いため，二次拠点以下
の在庫を多少多めに持たせ，またリードタイムに多少の幅を持たせることでカ
バーする。

ハウス食品，ヤマト運輸

　ハウス食品はヤマト運輸と新たに導入した大型鉄道コンテナの共同運行を
2003 年 11 月に始めた。関東〜福岡間が対象で，関東発がヤマトの宅急便，福

岡発がハウスのカレーの輸送に使う。共用コンテナは大型トラックに相当する31フィートコンテナで,両側面から貨物の積卸しができる「フルウィング」型。

ダイハツ

ダイハツ工業は完成車輸送のコンテナ船での活用を拡大する。2004年末に大分工場が稼動したのを機に,完成車の海上輸送を従来の40%から60%に高める。新工場に隣接する中津港を利用し,近畿地方の工場で生産した完成車を九州にも運ぶ。月間約60往復を見込む。その他,部品の流通に関しても海上輸送の比率を高める。

三菱電機

三菱電機は,日本国内の鉄道輸送で使われているJR貨物の12フィートコンテナを中国に持ち込み,12フィートコンテナ3個を専用に積むことができる「フラット・ラック」と組み合わせることで,中国からの海上輸送時には40フィートコンテナとして扱い,日本に陸揚げ後は個々の12フィートコンテナ単位で消費地近くの配送センターへ鉄道輸送を行う「国際一貫輸送システム」を実施する。この海上輸送と鉄道輸送をスムーズに連結させることにより,海外と国内各地で一貫した多頻度小ロット輸送を実現し,物流におけるコスト削減とCO_2排出量削減の両立が可能になるという。中国～日本間での運用としては日本初の取り組みとなり,2005年から順次対象製品を拡大。

大阪ガス

大阪ガスは,2000年から鉄道輸送によるLNG(液化天然ガス)輸送を始めた。日本海ガス(富山市)向けに供給するトラック輸送を鉄道輸送に切り替える。1日あたりコンテナ2個程度の輸送から始め,2006年には10個程度まで増加。コンテナは強度基準を満たすため,魔法瓶状のタンクを鉄骨フレームなどで補強した。1個に10.5トンのLNGを搭載でき,コンテナ貨車1輌に2個のコンテナを積める。

マツダ

　マツダは，2006年4月に広島と東海地区を結ぶ部品物流で専用コンテナを使った鉄道の往復輸送を始めた。東海地区の部品メーカーから調達した部品を広島に運び，広島からはマツダ車専用の補修部品を運搬する。従来に比べ同区間の物流にかかる燃料コストを下げ，CO_2 排出量の削減にもつなげる。JR貨物や日本通運などと協力する。日本通運のトラックが愛知，三重，静岡，岐阜などの部品メーカーを巡回して部品を回収し，名古屋貨物ターミナル（名古屋市）に集める。この取り組みにより同区間の輸送にかかるエネルギーを年間で27%削減。

ネスレ日本

　ネスレ日本は国内に3工場（姫路工場，島田工場，霞ケ浦工場）と7カ所の営業倉庫を持つ。早くから社内物流のモーダルシフトに取り組んでいる。2009年，缶コーヒーの鉄道輸送を始めた。2010年には国内3工場から北海道への輸送のすべてをフェリー便に切り替えた。2010年には，鉄道輸送による顧客への配送も開始した。

ホンダ

　ホンダは四輪車ではこれまで500km超の長距離（鈴鹿工場や狭山工場から北海道）に利用していた船舶輸送を，今後，新たに300〜500kmの中距離輸送（鈴鹿工場から関東圏や狭山工場から関西圏）にも導入。全輸送台数の35%程度だった船舶輸送を2010年度には55%に引き上げた。

日東工業

　配電盤や制御盤の製造を手掛ける電気機器メーカーの日東工業は，数年前からモーダルシフトに積極的に取り組んでいる。2014年2月に岐阜の中津川工場から札幌の倉庫への輸送を開始した際には，98%の輸送をモーダルシフト

し，年間で約 94 トンの CO_2 削減に成功。また各工場間の資材輸送の一部をトラック輸送からフェリー輸送に切り替えており，CO_2 排出量を年間 42.4% 削減している。

イオングループ

　大手流通企業イオンのグループ内組織「イオン鉄道輸送研究会」は，2014 年 12 月 14 日・21 日の 2 日間に渡り，モーダルシフトを目的とした東京～大阪間を往復で結ぶ貨物専用列車「イオン号」の運行を実施。この取り組みではアサヒビール，ネスレ日本，江崎グリコ，花王の仕入先食品・日用品メーカー 4 社と連携し，業界の枠を超えたモーダルシフトを実現した。JR 貨物からは「新時代のモーダルシフトの成功事例」と高く評価され，その年の「グリーン物流優良事業者表彰」では経済産業大臣表彰を受賞。

アサヒビール，キリンビール

　2016 年 7 月 27 日に，大手酒造メーカーのアサヒビールとキリンビールの 2 社が石川県金沢市に共同配送センターを開設し，鉄道コンテナによる商品の共同輸送を開始することを発表。CO_2 をはじめとする温室効果ガスの削減は両社にとって共通の課題であったが，年間 1 万台相当の長距離トラック輸送をモーダルシフトすることにより，年間 2,700 トンの CO_2 削減が実現できる見込み。

日本通運，パナソニックロジスティクス

　日本通運，パナソニックロジスティクスは，トラック輸送を鉄道や船舶輸送に切り替えて CO_2 排出量を削減するモーダルシフトに取り組み，2017 年から，鈴与，鈴与カーゴネットと連携し静岡県袋井市から佐賀県鳥栖市まで，従来はトラックで行っていた洗濯機の輸送について，出荷量の変動を少なくするなどといった輸送平準化の努力により，週 2 便，内航 RORO 船の利用を始めた。この取り組みによる CO_2 排出量削減効果は年間 81 トン相当になる。

住友電気工業

　住友電気工業は 2002 年以降，電線などを扱う国内長距離の輸送手段をトラックから鉄道や船舶へ切り替えてきた。2011 年までに 50% に引き上げる目標に対して，大阪から宮城県・仙台や栃木県・宇都宮へ荒引銅線を輸送するなど，積極的に鉄道コンテナ輸送を利用してきた結果，2011 年に 50.8% となった。2017 年度には輸送距離 500km 以上の陸上輸送のうち 54.9% が鉄道輸送であった。

アサヒビール，キリンビール，サッポロビール，サントリービール

　アサヒビール，キリンビール，サッポロビール，サントリービールのビール大手 4 社と JR 貨物，日本通運は 12 日，札幌貨物ターミナル駅（札幌市白石区）で 2017 年 9 月から鉄道による共同輸送をはじめた。同駅構内にある日本通運の倉庫を活用し，北海道・道東エリア（釧路・根室地区）向けに共同輸送を開始。ビール 4 社は共同物流とモーダルシフトにより，ドライバー不足への対応と環境負荷低減を図り，安定的な輸送体制の構築を目指す。年間トラック 800 台の削減効果。

　また，2018 年 4 月から鉄道コンテナによる関西・中国〜九州間の拠点間輸送（社内輸送）を開始。

(1) 下り区間＜関西 → 九州＞ 特定曜日に運休しているダイヤ（列車）を活用し「ビール 4 社専用列車」を運行（4 社連携することで 1 列車＝約 80 コンテナの荷量を確保）。

(2) 登り区間＜九州 → 関西＞ 関西方面への空コンテナ輸送枠を有効活用し，数量制限なくフレキシブルに輸送。大型トラック 2,400 台分の輸送力を鉄道コンテナで確保。

大王製紙

　大王製紙は休止中の川之江工場（愛媛県四国中央市）を 2018 年 11 月に新

たに工場を建設し再稼働させるのに伴い，海上輸送による物流効率化を始める。同工場で生産した原紙を埼玉県の工場に運ぶ際，一部区間で RORO 船を活用する。深刻な人手不足に対応するとともに，CO_2 排出量を半減させる。ダイオーロジスティクス（愛媛県四国中央市），大王海運（同市）と連携。川之江工場で生産する年間 1 万 6,800 トンのティッシュなどの原紙を，埼玉県行田市の製品加工工場へ輸送する。このうち三島川之江港から千葉港までの区間を，大王海運が運航する RORO 船で輸送する。現在は四国中央市内に点在する倉庫を，新設の物流拠点に集約。手作業により段ボール単位で行っていた積込みも，フォークリフトでの荷役が可能なパレット輸送に切り替える。これらの取り組みにより従来の方法と比べて，CO_2 排出量を 50%，トラックによる輸送量を 84%，トラック運転手の労働時間を 77%，それぞれ削減できる見込みだ。

7.8　まとめ

　5 社のモーダルシフトへの取り組みについてのヒアリングを通じて，企業の物流に対する意識に変化があることが分かった。もちろん物流部門の担当者の物流への意識の高いことは当然であるが，製造部門や営業部門など物流部門以外での物流に対する認識が変化しているようだ。従来は，物流は製造や営業の都合に合わせるべき存在であったが，最近は，船舶や鉄道などの輸送手段のスケジュールに製造を合わせることも厭わないという姿勢が見られるようになった。モーダルシフトはそれぞれの企業が単独で取り組むのではなく，同業種，異業種などさまざまな企業が共同で取り組む例が多くなっている。それは，モーダルシフトがトラックドライバー不足，自然災害対策，環境対策などその取り組みの背景に複合的な要素を持つからである。とりわけ，2016 年の改正物流総合効率化法の実施により共同物流が注目されている。共同物流の最大のネックは，出荷スケジュールの問題であった。共同物流のパートナーの出荷スケジュールを始め出荷調整が必要であり，自社だけの都合で出荷スケジュールが決められないことであった。しかし，製造や営業部門の意識の変化によって

出荷スケジュールのハードルが低くなったことで，共同物流やモーダルシフトが進んでいる。これまでにも共同物流に取り組んでいる企業は少なくなかったが，ここにきて一段と進んでいるようだ。

　モーダルシフトへの取り組みの契機の一つは，2005年の改正省エネ法である。これにより，「特定荷主」は，輸配送に伴うCO_2排出量の削減目標を設定し，その結果を報告することが義務付けられた。昨今のドライバー不足，2016年改正物流総合効率化法の実施が後押しする形で共同物流への取り組みが増えた。共同物流では同業種だけでなく，荷主と物流業者の組み合わせなどさまざまな取り組み例がある。加えて，自然災害による物流への影響の対策として，輸送手段の複数化への取り組み事例も多い。また，味の素のように同一輸送モードにおいても複数の輸送ルートを持つことを常日頃から実践している企業もある。

　これまでは，モーダルシフトというと，どちらかといえば鉄道が多かったが，近年は船舶へのモーダルシフトが多くなっている。2018年の西日本豪雨による災害時にはトラック，鉄道が使えなくなったことなどが背景にある。こうした荷動き増に対して，船会社は，フェリーやRORO船などの新たな航路開設や，新造船の投入による輸送能力の強化を図っている。こうした船舶を中心としたモーダルシフトの動きは当面続くと予想される。

参考文献

[序章]
- 加藤博敏・相浦宣徳・根本敏則（2017）「長距離貨物輸送の物流生産性指標の提案と生産性向上に向けた考察」『日本物流学会誌』No.25，pp.79-86
- 谷利亨（1991）「モーダルシフトの検証」『交通学研究』第35号，pp.111-126
- 鉄道貨物協会（2014）「本部委員会報告書」
- 日本政策銀行（2016）「今後の物流ビジネスにおけるモーダルシフトへの動き―鉄道貨物輸送を中心に―」『調査』第88号
- 松尾俊彦・永岩健一郎（2014）「内航コンテナ輸送の拡大に関する一考察―西日本における内航フィーダー輸送を中心として―」『海事交通研究』第63集，pp.23-32

[第1章，第7章]
- 国土交通省ホームページ
- 齊藤実・矢野裕児・林克彦（2009）『現代ロジスティクス論』中央経済社
- 全国地球温暖化防止活動推進センター（JCCCA）ホームページ
- 津久井英喜編著（2010）『図解 よくわかるこれからの物流改善』同文館出版
- 中田信哉・橋本雅隆・嘉瀬英昭編著（2007）『ロジスティクス概論』実教出版社
- 湯浅和夫（2009）『物流とロジスティクスの基本』日本実業出版社
- 翟碩（2017）「トラックドライバー不足問題へのモーダルシフトからのアプローチ」『近畿大学商学論究』第15巻第2号・第16巻第1号合併号
- Leif Enarsson（2006）*Future Logistics Challenges*, Copenhagen Business School Press

[第2章]
- 神戸経済ニュース（2016/12/17）https://news.kobekeizai.jp/blog-entry-272.html（2019/1/31 閲覧）
- 京阪神都市圏交通計画協議会（2006）「平成17年度京阪神都市圏総合都市交通体系調査報告書」

- 国税庁「主な減価償却資産の耐用年数（建物・建物附属設備）」, https://www.keisan.nta.go.jp/survey/publish/34255/faq/34311/faq_34354.php（2019/2/1 閲覧）
- 国土交通省（2016）「物流総合効率化法の概要」
- 国土交通省（2019）「物流総合効率化法の認定状況」
- 大和ハウス工業, 土地活用ラボ forBiz, コラム No.47（2018/2/28）http://www.daiwahouse.co.jp/tochikatsu/souken/business/column/clm47.html（2019/1/31 閲覧）
- 田中康仁・小谷通泰・小林護（2010）「京阪神都市圏における物流施設の立地選択モデルの構築」『土木計画学研究・論文集』Vol.27, no.4, pp.675-682

［第 3 章］

- 石田信博（2013）「モーダルシフトの可能性」『内航海運研究』第 2 号
- 大阪港振興協会・大阪港埠頭株式会社（2018）『内航海運・フェリー業界の現状と課題―内航海運・フェリーの希望ある明日のために―（2018 年度版）』
- 大阪港振興協会・大阪港埠頭株式会社（2019）『世界のコンテナ港とターミナルオペレーターの現状（2019 年度版）』
- 加藤一誠（1997）「インターモーダリズムと消費者指向型の交通計画」『交通学研究』（日本交通学会 1996 年研究年報）
- 榊原胖夫, Nelson C. Ho, 石田信博, 太田和博, 加藤一誠（1999）『インターモーダリズム』勁草書房
- 高橋浩二（2018）「世界の自動化コンテナターミナルの動向分析」『港湾空港技術研究所報告』第 56 巻第 4 号
- 森隆行編著（2014）『内航海運』晃洋書房
- Nelson C. Ho（1996）「Intermodal Transportation in the United States of America」日本交通政策研究会『日交研シリーズ』A-198
- National Commission on Intermodal Transportation（1994）*Toward a National Intermodal Transportation System: Final Report*
- Wayne K. Talley（2009）*Port Economics*, Routledge

［第 4 章］

- 伊藤秀和（2006）「遠隔地における荷主の輸送行動モデル分析―北海道を例に―」『日本物流学会誌』No.14, pp.77-84

- 伊藤秀和（2008）「モーダルシフト政策に寄与する貨物輸送経路選択のモデル分析―ランダム・パラメータ・ロジット・モデルの適用―」『日本物流学会誌』No.16，pp.201-208
- 国土交通省（2015）「輸出入コンテナ貨物の鉄道輸送の促進に向けた調査報告書」
- 田中淳・柴崎隆一・渡部富博（2003）「内貿ユニットロード貨物の輸送機関分担に関する分析」国土技術政策総合研究所資料，No.60，pp.1-19
- 永岩健一郎（2014）「モーダルシフトによる内航フィーダー輸送量の拡大に関する研究」『内航海運研究』第 3 号，pp.53-63
- 永岩健一郎・松尾俊彦（2005）「モーダルシフト対象船種の特徴を考慮した輸送機関分担モデル」『広島商船高等専門学校紀要』第 28 号，pp.39-44
- 永岩健一郎・松尾俊彦（2011）「トラック輸送の経路選択モデルによるモーダルシフト分析」『日本航海学会論文集』第 125 号，pp.105-112
- 福田晴仁（2015）「鉄道貨物輸送のインフラ整備に関する考察」『西南学院大学商学論集』62 巻，pp.1-22
- 松倉洋史・瀬田剛広（2016）「ユニットロード貨物の陸海複合輸送シミュレーションを用いた施策評価手法の開発」『日本船舶海洋工学会論文集』第 23 号，pp.213-222
- 厲国権（2005）「国際海上コンテナ貨物の陸上インターモーダル輸送システムの構築―国内陸上輸送における鉄道の活用に関する検討―」『運輸政策研究』Vol.8，No.2，pp.2-14
- 尹仙美・片山直登・百合本茂（2005）「トラック輸送から鉄道・フェリー輸送へのモーダルシフトモデル」『日本物流学会誌』No.13，pp.35-42

[第 5 章]
- 荒谷太郎（2014）「トラック輸送からフェリー・RORO船輸送へのモーダルシフトの可能性に関する研究」『交通学研究』第 57 号，pp.41-48
- 池田良穂（1996）『内航客船とカーフェリー』成山堂書店
- 池田良穂（2012）「クルーズ客船，フェリーを取り巻く環境」『日本マリンエンジニアリング学会誌』第 47 巻第 2 号，pp.58-63
- 江原峰生（1999）「長距離フェリーのシャーシ輸送」『日本造船学会誌』第 841 号，pp.481-485

・勝原光治郎・久保登・大高慎自・岡崎忠胤ら（2003）「国内物流ネットワークに関する研究」『海上技術安全研究所報告』第 3 巻第 3 号

・加藤博敏・相浦宣徳（2017）「長距離ユニットロード輸送における長距離フェリーの担う役割と各輸送機関の特徴」『運輸政策研究』Vol.20, pp.49-60

・株式会社 SHK ライン（2018）『長距離フェリー 50 年の航跡』ダイヤモンド社

・久保登・勝原光治郎・大和裕幸・道田亮二（2002）「国内フェリー・RORO船航路の需要予測に基づいた船舶主要目の決定と航路の採算性に関する研究」『日本造船学会論文集』第 192 号, pp.377-385

・国土交通省（2017a）「内航未来創造プラン」

・国土交通省（2017b）「港湾の中長期政策　内航フェリー・RORO輸送及び離島航路について」

・國領英雄（1993）「長距離フェリーネットワーク形成と効果」『海事交通研究』第 41 集, pp.29-56

・國領英雄（1994）「海上輸送誘導のための一つの試算」『海事交通研究』, 第 43 集, pp.27-53

・新納克広（1994）「長距離フェリー事業の規制をめぐる諸問題」『海運経済研究』第 28 号, pp.113-131

・鈴木暁・古賀昭弘（2007）『現代の内航海運』成山堂書店

・鈴木恒平・渡部富博・井山繁・赤倉康寛（2010）「内貿ユニットロード貨物の純流動 OD の算定に関する分析」国土技術政策総合研究所資料, No.618

・鈴木武・佐々木友子（2012）「国内航路を運航するフェリー・RORO貨物船・コンテナ船の諸元と燃料消費の特徴」『沿岸域学会誌』Vol.25, No.3, pp.29-39

・辰巳順（2017）「長距離フェリーからみた内航海運の現状と課題」『運輸と経済』第 77 巻第 11 号, pp.28-38

・田中淳・柴崎隆一・渡部富博（2003）「内貿ユニットロード貨物の輸送機関分担に関する分析」国土技術政策総合研究所資料, No.60

・谷利亨（1991）「モーダルシフトの検証」『交通学研究』第 35 号, pp.111-126

・土井義夫（2018）「国内におけるフェリー・RORO船の活用策と課題」『日本航海学会誌』第 206 号, pp.40-46

・床井健（1993）「長距離フェリーの現状と今後の課題」『運輸と経済』第 53 巻第 6 号, pp.52-73

- 内航海運対策研究会（1996）『日本の内航海運の現状と課題』内航新聞社
- 永岩健一郎・松尾俊彦（2011）「トラック輸送の経路選択モデルによるモーダルシフト分析」『日本航海学会論文集』第 125 号，pp.105-112
- 松尾俊彦・石原伸志（2010）「我が国における国際フェリー・RORO船航路の特徴と課題」『日本物流学会誌』No.18，pp.97-104
- 松尾俊彦・永岩健一郎（2005）「インターモーダル輸送と港湾整備に関する一考察」『港湾経済研究』No.44，pp.73-85
- 松尾俊彦・永岩健一郎・篠原正人（2007）「中長距離フェリーの利用モデルと航路に関する研究」『日本物流学会誌』No.15，pp.33-40
- 宮下國生（1994）『日本の国際物流システム』千倉書房
- 若杉高俊（2000）「規制緩和と環境重視の中の物流・長距離フェリー」『海運』7 月号
- 尹仙美・片山直登・百合本茂（2005）「トラック輸送から鉄道・フェリー輸送へのモーダルシフトモデル」『日本物流学会誌』No.13，pp.35-42

[第 6 章]
- 鈴木邦成（2011）「マルコポーロ計画による欧州モーダルシフト輸送の現状と展望」『日本 EU 学会年報』第 31 号，pp.186-203
- 林克彦（2015）「EU における貨物輸送市場の変化と持続可能性」『物流問題研究』第 64 号，pp.30-43
- European Commission（2002）*Results of the Pilot Actions for Combined Transport*
- European Commission（2007）*The EU's freight transport agenda: Boosting the efficiency, integration and sustainability of freight transport in Europe*
- European Commission（2011）*WHITE PAPER; Roadmap to a Single European Transport Area – Towards a competitive and resource efficient transport system*
- European Commission （2016）*The implementation of the 2011 White Paper on Transport "Roadmap to a Single European Transport Area – towards a competitive and resource-efficient transport system" five years after its publication: achievements and challenges*
- European Commission（2018a）*EU TRANSPORT in figures 2018*
- European Commission（2018b）*Motorways of the Sea; Detailed Implementation Plan of the European Coordinator*

索　引

【アルファベット】

BCP ································· *122, 126*

Connecting Europe Facility（CEF）··· *117*

COP ································· *11*

Core Network Corridors（CNC）···· *117*

ethical ······························ *24*

EU ·····························*109, 111-120*

EU 域内輸送 ························ *115*

Fair Trade ·························· *24*

ISTEA ······························ *62*

LCC ································· *105*

LLP ································· *126*

LOHAS······························ *24*

lot ·································· *5*

Marco Polo プログラム ············· *117*

Marco Polo II プログラム ·········· *117*

modal shift ························· *1*

NITAS······························ *69*

Pilot Actions for Combined Transport
（PACT）························· *117*

RORO 船 ···························· *6*

SOx ································· *21*

【あ】

青空保護戦勝利行動計画 ··········· *119*

【い】

硫黄酸化物 ·························· *21*

一車貸切 ········ *6, 65, 71, 74, 78-85*

インターモーダリズム ·············· *62*

インターモーダル陸上輸送効率化法
 ······························· *62*

【う】

海のハイウェイ ···················· *93*

海のバイパス ······················ *93*

【え】

エコシップマーク ·············· *21, 109*

エコシップモーダルシフト事業者優良
 事業者 ·························· *139*

エコファッション ··················· *24*

エコレールマーク ·············· *21, 109*

エシカルファッション··············· *24*

エネルギー使用量 ·················· *136*

エネルギーの使用の合理化に関する法
 律 ····························· *17*

【お】

温室効果ガス ·········*9-12, 19-21, 132*

【か】

改正省エネ法 ··············*17, 22, 136*

改善基準告示 ·····················*4, 95*

貨物の小口化・多頻度化 ········ *25, 27*

貨物フェリー ····················· *92*

貨物輸送量·········· *2, 13, 47-48, 100*

貨物・旅客地域流動調査 ·········· *68*

環境対策 ···················· *9, 16, 22*

環境負荷 ················· *42, 74, 110*

　──低減···················· *22, 44*

環境問題 ···················· *9-10, 12*

幹線貨物輸送 ······················ *9*

【き】

気候変動枠組条約 ······ *11-12, 17, 109*

　──締約国会議················· *11*

共同物流 ···················· *141-142*

共同輸送 ············· *127, 131, 141*

共同輸配送················· *28, 29*

京都議定書（Kyoto protocol）

　····················· *11, 42, 109*

【く】

グリーン物流パートナーシップ ···· *131*

【け】

京阪神都市圏 ····················· *34*

【こ】

交通政策 ························· *117*

航路長 ·············· *69, 80-85, 93-95*

国内輸送 ············ *67, 115, 122, 133*

コンテナ船···························· *7*

コンテナターミナルの自動化 ··· *55, 58*

コンテナヤードの自動化 ········*59-60*

コンテナ流動調査 ··················· *67*

【し】

自営転換 ························· *143*

事業継続計画 ················ *122, 126*

自動車航送貨物定期航路事業 ····· *92*

シャーシ ···················· *23, 106*

集計ロジットモデル ··············· *66*

出荷時刻 ···················· *77, 90*

出荷ロット ························· *5*

循環型社会形成推進基本法········· *17*

循環型ロジスティクス········· *24, 143*

省エネ法 ························· *16*

新総合物流施策大綱 ············ *16, 43*

【せ】

正準判別モデル ··············· *68, 89*

生態環境保護計画 ················ *119*

全国貨物純流動調査 ················ *65*

全国輸出入コンテナ流動調査 ······· *67*

船種 ···················· *5, 71, 88*

選択行動 ··················· *80, 82, 84*

船舶による汚染防止のための国際条約

　······························ *21*

【そ】

総合効率化計画 ················ *32, 131*

総合的ビジョン ··················· *61*

総合物流施策大綱 ············ *43-44, 55*

総流動調査・・・・・・・・・・・・・・・・・・・・・ *68*

【た】

代表輸送機関 ・・・・・・・・・・・・ *6, 74, 99, 100*

宅配便等混載 ・・・・・・ *6, 65, 71, 74, 78-85*

ターミナル改良 ・・・・・・・・・・・・・・ *52, 54, 55*

【ち】

地球温暖化・・・・・・・・・・・・・ *3, 10-12, 22, 42*

長距離フェリー ・・・・・・・・ *1, 93-94, 98-100*

【て】

低費用航空・・・・・・・・・・・・・・・・・・・・・ *105*

鉄道輸送 ・・・・・・・・・・・・・・・・・・・・・・・・ *1*

【と】

特定荷主 ・・・・・・・・・・・・・・・・・・・ *136, 150*

ドライバー不足 ・・・・・・・・・・・・・ *18-19, 25*

トレーラー・・・・・・・・・・・・・・・ *6-7, 65, 80-85*

トンキロ ・・・・・・・・・・・・・・・・・・・・・・・・ *2*

【な】

内航海運暫定措置事業・・・・・・・・・・・・・・ *45*

内航距離表・・・・・・・・・・・・・・・・・・・・・・ *69*

内航輸送 ・・・・・・・・・・・・・・・・・・・ *69, 71*

【に】

二酸化炭素排出量 ・・・・・・ *12-13, 114-115*

【ひ】

非集計ロジットモデル・・・・・・・・・・・・・・ *67*

【ふ】

フィーダー輸送 ・・・・・・・・・・・・・・・・・・・ *7*

フェアトレード ・・・・・・・・・・・・・・・・・・ *24*

フェリー ・・・・・・・・・・・・・・・・・・・・・・・・ *6*

複合一貫輸送 ・・・・・・・・・・・・・・ *9, 43, 119*

物流センサス ・・・・・・・ *65-71, 79, 99-101*

物流総合効率化事業 ・・・・・・・・・・・・・・・ *27*

物流総合効率化法 ・・・・・・・・・・・・・・*25-31*

改正―― ・・・・・・・・・・・・・・・ *16-17, 131*

物流２法・・・・・・・・・・・・・・・・・・・・・・・・ *1*

船種［ふなだね］ →船種［せんしゅ］

フラット・ラック ・・・・・・・・・・・・・・・ *145*

フルウィング ・・・・・・・・・・・・・・・・・・ *145*

【む】

無人航送・・・・・・・・・・・・・・・・・・ *93-95, 105*

――率・・・・・・・・・・・・・・・・・・・・・・・・ *94*

【も】

モーダルコネクト ・・・・・・・・・・・・・ *44, 55*

モーダルシフト・・・・・・・・・・・・・ *1, 25, 65*

――化率・・・・・・・・・・・・・・・・・ *16-17, 129*

――政策・・・・・・・・・・・・・・*42, 87, 109*

モーダルシフト等推進官民協議会

・・・・・・・・・・・・・・・・・・・・・・・・ *16, 44*

【ゆ】

有人航走 ・・・・・・・・・・・・・・・・・・・・・・・・ *93*

輸送活動量・・・・・・・・・・・・・・・・・ *2, 4, 112*

輸送機関分担モデル ・・・・・・・・・・・・・・・ *78*

輸送距離データ ・・・・・・・・・・・・・・・・*68-69*

輸送距離特性 ······················ 72

輸送コスト ······················· 74

輸送時間 ·················· 5, 46, 90, 94

輸送手段選択 ·············· 49-51, 74

輸送手段分担モデル ··············· 49

輸送総費用 ······················49-54

輸送網

　　——集約事業 ················29-31

　　——の集約 ·················25-27

輸送モード ········ 43-44, 117, 126, 139

輸配送の共同化 ············· 25, 27, 30

【り】

リードタイム ··········· 19, 22, 122, 136

【れ】

冷凍貨物輸送 ······················ 128

【ろ】

ロット ········ 5-6, 19, 23, 71, 74, 80-85

ロハス ···························· 24

執筆者紹介

※森 隆行（もり たかゆき）[はしがき，第1章，第7章]

1952年生まれ。大阪市立大学商学部卒業。現在，流通科学大学商学部教授。主な著書・論文：『コールドチェーン』（共著，晃洋書房，2013年），『内航海運』（共著，晃洋書房，2014年），『新訂 外航海運概論』（成山堂書店，2015年），『第3版 現代物流の基礎』（同文館出版，2017年），『水先案内人』（晃洋書房，2017年），『海上物流を支える若者たち』（海文堂出版，2019年）

松尾 俊彦（まつお としひこ）[序章，第5章]

1955年生まれ。東京商船大学大学院商船学研究科博士後期課程修了。現在，大阪商業大学総合経営学部教授。主な著書・論文：『船の百科事典』（共著，丸善出版，2015年），『内航海運』（共著，晃洋書房，2014年），「内航海運における外国人船員の受け入れに関する一考察」（日本航海学会誌 第206号，2018年），「内航船員数のコーホート変化からみた船員不足問題に関する一考察」（海運経済研究 第52号，2018年），「港湾労働者と内航船員の確保・育成に関する比較研究」（港湾経済研究 No.56，2018年）

田中 康仁（たなか やすひと）[第2章]

1974年生まれ。神戸大学大学院修了。現在，流通科学大学商学部准教授。主な著書・論文：「京阪神都市圏における物流施設の立地選択モデルの構築」（共著，土木計画学研究・論文集 27巻，2010年），「西日本におけるインランドデポの配置に関する研究」（共著，日本物流学会誌 第25号，2017年），「買物弱者対策としての移動販売車の販売経路に関する基礎研究―大崎上島を事例として―」（共著，日本物流学会誌 第25号，2017年）

石田 信博（いしだ のぶひろ）［第3章］

1956年生まれ。同志社大学大学院経済学研究科博士後期課程修了。現在，同志社大学商学部教授。主な著書・論文：『講座・公的規制と産業④ 交通』（共著，NTT出版，1995年），『インターモーダリズム』（共著，勁草書房，1999年），『コールドチェーン』（共著，晃洋書房，2013年），『都市構造と都市政策』（共著，古今書院，2014年），『内航海運』（共著，晃洋書房，2014年）

永岩 健一郎（ながいわ けんいちろう）［第4章］

1960年生まれ。東京商船大学大学院商船学研究科博士後期課程修了。現在，広島商船高等専門学校流通情報工学科教授。主な著書・論文：『交通と物流システム』（共著，成山堂書店，2008年），『内航海運』（共著，晃洋書房，2014年），「国際フィーダー輸送の拡大に伴うトラック輸送の軽減に関する研究」（海事交通研究 第66集，2017年），「買物弱者対策としての移動販売車の販売経路に関する基礎研究—大崎上島を事例として—」（共著，日本物流学会誌 第25号，2017年）

石黒 一彦（いしぐろ かずひこ）［第6章］

1971年生まれ。東北大学大学院情報科学研究科人間社会情報科学専攻修了。博士（学術）。現在，神戸大学大学院海事科学研究科准教授。主な著書・論文：「Measuring the Efficiency of Automated Container Terminals in China and Korea」（Asian Transport Studies, Vol. 5, Issue 4, 2019年），「北極海航路利用LNG輸送の経済性分析」（海運経済研究 No.49, 2015年），「配船スケジュールを考慮した荷主の港湾選択行動分析」（土木学会論文集 D3, Vol.70, No.5, 2014年）

（執筆順，※は編著者）

ISBN978-4-303-16418-8

モーダルシフトと内航海運

2020年4月7日　初版発行　　　　　　　　　　　ⓒ T. MORI 2020

編　者　森　隆行　　　　　　　　　　　　　　　　検印省略
発行者　岡田雄希
発行所　海文堂出版株式会社
　　　　　本　社　東京都文京区水道2-5-4（〒112-0005）
　　　　　　　　　電話 03（3815）3291㈹　FAX 03（3815）3953
　　　　　　　　　http://www.kaibundo.jp/
　　　　　支　社　神戸市中央区元町通3-5-10（〒650-0022）
日本書籍出版協会会員・工学書協会会員・自然科学書協会会員

PRINTED IN JAPAN　　　　　　　　　　　印刷　東光整版印刷／製本　誠製本